Das Edelweiss

Charly Rey, José F. Vouillamoz, Catherine A. Baroffio

Das Edelweiss

Botanik, Mythos und Kultur einer geheimnisvollen Alpenpflanze

In Zusammenarbeit mit
Agroscope ACW Changins-Wädenswil
Conservatoire et Jardin botanique de Genève
Botanischer Garten, Universität Zürich

Mit Beiträgen von
Tobias Scheidegger, Zürich
Martin Wiesmeier, Stephanskirchen, Deutschland
Didier Roguet, Genf
Peter Enz und Reto Nyffeler, Zürich

AT Verlag

Inhalt

Vorwort

Hon.-Prof. Pierre Hainard

Für die «Königin der Blumen» musste es ein schönes und grosses Buch sein: Hier ist es! Gross, damit das Edelweiss in jeder Hinsicht – biologisch, ökologisch, biogeografisch – und in all seiner historischen, ästhetischen und sogar politischen Bedeutung wie auch in seiner Bedeutung für die menschliche Seele beschrieben werden kann. Schön, denn es sollte natürlich ebenso ästhetisch sein wie sein Thema! Dafür mussten sich Autoren zusammenfinden, die ebenso leidenschaftlich wie gelehrt sind, deren wissenschaftliche Kenntnisse ebenso gut sind wie ihre körperliche Verfassung, deren Neugier ebenso lebhaft ist wie ihr Schönheitssinn und die ebenso humorvoll wie liebevoll sind. Übrigens beginnen sie genau damit: die Unsterblichkeit der Liebe, den höchsten der Werte, das symbolisiert das Edelweiss, das seine weisse Schönheit auch dann noch bewahrt, wenn es getrocknet und zwischen den intimsten Seiten der wertvollsten Bücher aufbewahrt wird.

Wie wertvoll das Edelweiss ist, machte mir schon meine aus dem Wallis stammende Mutter deutlich, als ich noch ein kleiner Junge war: Als wir einmal am «Excelsior» vorbeikamen, einem Kino in der Rue de la Corraterie in Genf, war auf einem Foto aus einem Alpenfilm ein junger Mann in Lederhosen zu sehen, der einem jungen Mädchen mit Schultertuch einen Strauss Margeriten schenkte. «Margeriten!» rief meine Mutter entsetzt. «Wenn man verliebt ist, verschenkt man zumindest Edelweiss, um zu zeigen, dass man stark und mutig ist.» Denn diese mystische Blume findet man nur an felsigen Steilhängen, die sich ins Leere neigen, mit diesem tückischen kurzen Gras, das die Füsse ins Rutschen bringen kann – ausser jene der Gämsen. Ihre scharfkantigen Hufe geben den Tieren Halt, wie die intelligente Nachbildung der Tricouni-Beschläge an den Sohlen der Jäger und Bergbauern.

Dank seiner Anpassungsfähigkeit kommt das Edelweiss mit den Widrigkeiten der Natur in seinem Lebensraum gut zurecht: Sein erster Trieb bleibt in der Erde, bis er gross genug ist, um den Frost zu überstehen – genau wie die Palme Acanthococos, die zunächst einen halben Meter in die Erde wächst und erst dann an der Oberfläche erscheint, wenn sie die ausreichende Grösse hat, um eine Feuersbrunst überleben zu können – dies geschieht zwar im brasilianischen Campo Cerrado, aber Frost und Feuer haben für Pflanzen gleich schädliche Auswirkungen. Der krause und dichte Filz des Edelweiss schützt es vor Nachtfrost, der auch im Sommer jederzeit vorkommen kann, und er schützt es auch beim «Mittagsschlaf», denn auf den südseitigen Abhängen steht die Sonne dann fast im Zenit und ihre direkte Strahlung erwärmt den Boden auf über fünfzig Grad: ein willkommener warmer Segen – wenn man es denn aushalten kann ...

Wegen seiner ästhetischen Qualitäten und der mit ihm verbundenen Werte ziert das Edelweiss die Schulterklappen der höchsten Dienstgrade der Schweizer Armee seit der Zeit zwischen den zwei Weltkriegen (man muss allerdings dazusagen, dass es auch die Lieblingsblume Hitlers war und von einer Gebirgstruppe der deutschen Wehrmacht getragen wurde). In morphologischer Hinsicht ist es ein strategisch interessantes Modell. Aus der einzigen ursprünglichen Blume entwickeln sich Blütenstände aus Blütenständen; sie beschleunigen damit den Evolutionsprozess der Wiederholung, der von vielen Pflanzen praktiziert wird (man vergleiche etwa die Doppeldolden der Doldengewächse, *Apiaceae*).

In diesem Buch wird die Pflanze in bestechenden Bildern präsentiert, wobei auch die Biotope und Landschaften gezeigt werden und als nützliche Zugabe sogar die Wegbeschreibungen zu den betreffenden Orten. Die Fundorte der Autoren, die man normalerweise geheim hält, um sie für sich allein zu haben, werden hier verraten. Eine grosszügige Geste jener Naturschützer, die wissen, dass man die Pflanze nicht rettet, indem man sie versteckt, sondern indem man die Menschen lehrt, sie zu lieben und zu teilen. Von Biologie und Genetik geht es weiter bis zur Gastronomie – so gibt es im Wallis ein «Bœuf bourguignon flambiert mit Edelweiss».

Das Kapitel «Von der Natur zur Kultur» ist ein Beispiel der angewandten Genetik und der Selektionstechnik und kann dank der Begabung der Autoren zur Wissensvermittlung als sehr gute Einführung in die beiden Disziplinen dienen.

Die verschiedenen Darstellungen des Edelweiss, bunt gemischt in allen Genres, alle grossartig und einige recht ungewöhnlich, sind ein wahrer Augenschmaus. Das Prestige unseres weissen Sterns findet selbst auf einem Roggenbrot in einem japanischen Skiort seinen Niederschlag – fürwahr ein kosmopolitischer Star! Mein Lehrmeister, Fernand Chodat, hielt uns einst vor Ort nach dem Picknick an den Lacs de Fenêtre ein Referat über die Alpenblume; er sah in ihr den Ursprung des roten Sterns, da man damals der Meinung war, dass die Gattung Edelweiss aus sowjetischen Gebieten stamme. Aber unser Stern überschreitet alle geopolitischen Grenzen: Ein roter Stern auf weissem Grund? Nein. Fünfzig weisse auf blauem Grund? Auch nicht. Dreizehn halb rote, halb weisse auf weissem Grund? Ja, aber nicht nur. Und dann sind seine Strahlen von unterschiedlicher Anzahl! Er steht weit über all diesem, er ist Schönheit der Landschaft und eine Freude für alle.

Das Edelweiss, eine mystische Pflanze

Charly Rey, Sabine Rey

Während man bei einer Rose an den Garten denkt, an Samtigkeit, Duft, Leidenschaft und Liebe, hat das Edelweiss eine mystische, alpine Identität, die sehr symbolträchtig ist und mit seiner Sternform und seiner silbrigen Farbe zusammenhängt.

Zu allen Zeiten war das Edelweiss die Blume der Bergbewohner schlechthin. Es erweckt mehr Interesse als Alpenrose, Enzian, Lilie, Aster, Edelraute, Steinbrech oder Mannsschild. Dieser erstaunliche pflanzliche Stern ist in seiner Form einzigartig. Er ist ökologisch anspruchsvoll und nistet sich meist an unerreichbaren Orten ein. Der Kletterer bewundert die Blume beim Aufstieg gegen das Blau des Himmels. Für ihn hat dieser magische, seidige, weisse Stern etwas Übernatürliches. Die Suche danach ist das Streben nach Erfüllung eines Traums, nach Ekstase oder tiefer Freude. In seinen Augen ist es oft ein wertvoller Glücksbringer.

In botanischer Hinsicht zeigt das Edelweiss einige Analogien zu anderen Pflanzen aus der Familie der Korbblütler *(Asteraceae)*, wie Katzenpfötchen, Ruhrkräuter oder auch Strohblumen, die im Französischen «Immortelles» (Unsterbliche) heissen. Unsterblich ist das Edelweiss in gewisser Weise auch, denn es behält lange sein Strahlen und seine Wirkung, auch getrocknet. Im gesamten Alpenbogen schmückt die «Unsterbliche aus dem Schnee», wie man sie in Frankreich manchmal nennt, dauerhaft den Hut der Bergbewohner, Bergführer oder der Gebirgsjäger in der piemontesischen Infanterie. Ganz zu schweigen von den verschiedenen Trockenblumensträussen, in denen das Edelweiss einen Ehrenplatz einnimmt. In einem wertvollen Kästchen, sorgfältig ausgebreitet und gepresst, kunstvoll drapiert auf einer Unterlage aus Stoff oder Karton, wird es oft Ausdruck der Unsterblichkeit der Liebe.

Als alles überstrahlendes Symbol der Alpen ist unsere Bergblume ein äusserst beliebtes Motiv für Bekleidung und ziert unzählige Gegenstände aller Art. Das Edelweiss ist zu einem sehr guten Marketing-Instrument geworden, und seine Verwendung kennt fast keine Grenzen, von der Blaskapelle bis zum Fünf-Sterne-Hotel, von der Reiseagentur bis zur Autowerkstatt, die seinen Namen trägt. Am häufigsten wird diese symbolträchtige Blume sicherlich im deutschsprachigen Raum verwendet.

Die Bergbauern haben schon sehr früh auch die medizinischen Vorzüge des Edelweiss entdeckt. Von Österreich bis ins Herz der Walliser Alpen behandelten und behandeln sie noch heute Durchfallerkrankungen des Viehs erfolgreich mit einem

1

1 Detail der Edelweissblüte.

Aufguss aus Edelweiss-Blüten – daher auch sein Name «Bauchwehblüml» in der Volksmedizin. In neuerer Zeit haben Phytochemiker die Substanzen erforscht, die verantwortlich sind für die guten Therapieerfolge in der veterinärmedizinischen Anwendung. Ausserdem fanden sie heraus, dass die Pflanze eine hautschützende Wirkung hat, weshalb sie jetzt auch in Sonnencremes verwendet wird.

Das Edelweiss ist in unseren Bergen selten. Daher ist es im gesamten Alpenbogen geschützt. Um das unerlaubte Pflücken an den natürlichen Standorten einzudämmen, wurde es notwendig, Versuche zur Kultivierung zu unternehmen. Diese wurden ergänzt durch Selektionsforschung und führten zu den derzeit auf dem Markt erhältlichen Sorten. Die ersten Kulturen entstanden im Jahr 2000.

Die Botanik des Edelweiss

Charly Rey, Sabine Rey, José F. Vouillamoz

Systematik und Verbreitungsgebiet

Geografisches Verbreitungsgebiet

Das Edelweiss gehört zu der grossen Familie der Korbblütler oder *Asteraceae,* die zirka 25 000 Arten, unterteilt in 1500 verschiedene botanische Gattungen, umfasst. Zur Gattung *Leontopodium* gehören etwa 30 bis 40 Arten, die hauptsächlich in Asien (Himalaya, Altai, Sibirien, Japan und China) vorkommen, wobei die grösste Artenvielfalt im tibetischen Hochland zu finden ist.

Eine Ahnform des *Leontopodium* soll nach der letzten Eiszeit in die Alpen eingewandert sein und sich in zwei unterschiedliche Arten aufgespaltet haben, die sich von den übrigen Vertretern dieser Gattung unterscheiden und nur in den Gebirgen Zentral- und Osteuropas vorkommen:

- *Leontopodium alpinum* Cass. (Pyrenäen, Jura, Alpen, Ligurischer Apennin, Nördlicher Balkan, Karpaten), mit lockerem, weisslichem Filz, länglich-lanzettlichen Laubblättern und einer Wuchshöhe von 8 bis 30 cm.

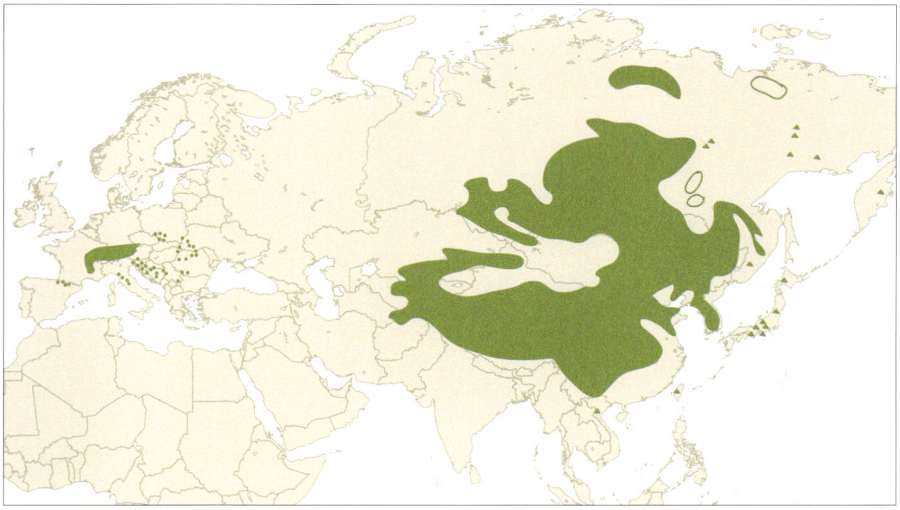

2

3

4

2 Verbreitungsgebiet des *Leontopodium* weltweit (nach Meusel und Jäger 1992, überarbeitet).
3 *Leontopodium alpinum* Cass., in den Alpen.
4 *Leontopodium nivale* (Ten.) Huet, im Apennin. (Foto: Giovanni Galetti)

Astéracées (Composées)
Leontopodium calocephalum
(Franch.) Beauverd
Plateau du Tibet

5

6

7

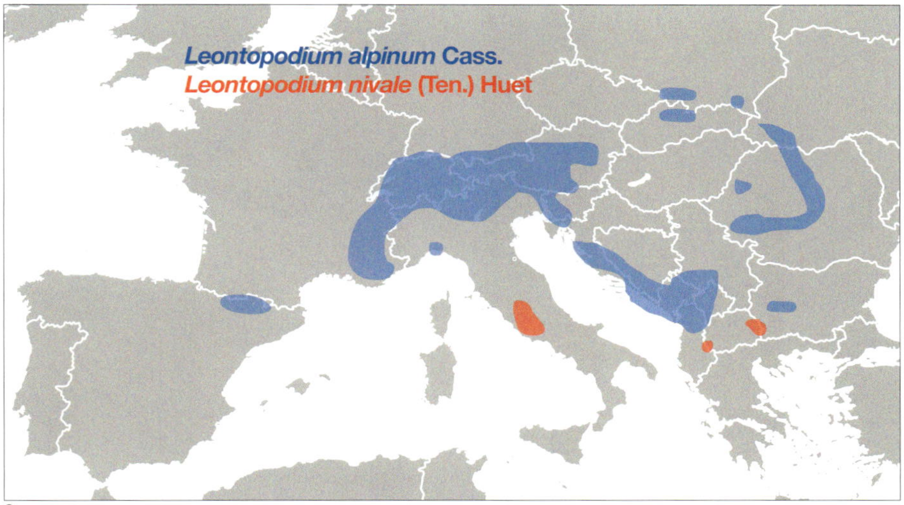

8

– *Leontopodium nivale* (Ten.) Huet (Apennin: Abruzzen; Dinarische Alpen: Shlejb bei Ipek; Südöstlicher Balkan: Pirin-Gebirge), mit dichtem, gräulichem Filz, kurzen, spatelförmigen Laubblättern und einer Wuchshöhe von 1 bis 5 cm (Handel-Mazetti, 1927; Hegi, 1927; Tutin et al., 1976; Pignatti, 1982).

Einige Botaniker haben daraus zwei Unterarten gemacht: *Leontopodium alpinum* ssp. *alpinum* und *Leontopodium alpinum* ssp. *nivale*. Doch haben jüngere morphologische und molekulare Untersuchungen es ratsam erscheinen lassen, sie als zwei eigene Arten anzusehen (Blöch et al., 2010).

Die asiatischen Arten, die in morphologischer und genetischer Hinsicht den beiden westeuropäischen Arten am ähnlichsten sind, heissen: *L. leontopodinum* (Nordchina und Tibet), *L. souliei* (Himalaya, China, Ostrussland, Kamtchatka), *L. himalayanum* (Himalaya), *L. calocephalum* (Himalaya), *L. artemisiifolium* und *L. ochroleucum* (Mongolei, Himalaya).

9

5 *Leontopodium calocephalum* im Botanischen Alpengarten von Tourmalet, Frankreich.
6/7 *Leontopodium leontopodinum*, das im Norden Chinas und in Tibet vorkommt. (Fotos: Carole Crittin, aufgenommen in Zanskar)
8 Verbreitungsgebiet der beiden Edelweiss-Arten: *Leontopodium alpinum* in Blau und *Leontopodium nivale* in Rot.
9 *Leontopodium souliei*, das im Himalaya, in China, im Osten Russlands und auf Kamtchatka vorkommt. (Foto: Serge Dieudebat)

10

11

12

13

14

10 *Leontopodium himalayanum.* Dieses Himalaya-Edelweiss gedeiht nur in der alpinen Stufe der Himalaya-Hauptkette von Himachal Pradesh (Nordindien) bis Südosttibet und vereinzelt in den höchsten Massiven von Nordwest-Yunnan und Südwest-Sichuan (Südwestchina). (Foto: B. Dickoré, Uttarakhand, Kumaon, Birjeganj-Pass, Indien, 4640 m, September 2005)

11 *Leontopodium stracheyi.* Das Areal dieser Edelweiss-Art erstreckt sich in der sulpinen Stufe vom inneren Zentral-Himalaya durch Süd- und Osttibet bis West-Sichuan (China). (Foto: B. Dickoré, Uttarakhand, Kumaon, Darma Valley, Son/Duktu, Indien, 3200 m, August 2010)

12 *Leontopodium jacotianum.* Diese Edelweiss-Art kommt entlang des Himalaya und Hengduan Shan von Himachal Pradesh (Nordindien) bis Sichuan (Südwestchina) vor. (Foto: B. Dickoré, Uttarakhand, Kumaon, Ralam Valley, Birjeganj-Pass, Indien, 4100 m, September 2005)

13/14 Mehrere Arten der Gattung *Leontopodium* übersäen das Mongolische Plateau. (Foto 13: Giorgio Skory; Foto 14: Marianne und André Stäubli)

Systematik

Bei den Botanikern wurde das Edelweiss nicht immer *Leontopodium alpinum* oder *Leontopodium nivale* genannt. Die erste Illustration des Edelweiss erscheint im 15. Jahrhundert im *Codex Bellunensis,* einem Herbarium mit farbigen Bildtafeln, das mehr als zweihundert zwischen Feltre und Belluno in den italienischen Dolomiten gesammelte Pflanzen zeigt und heute in der British Library in London aufbewahrt wird. Die erste botanische Beschreibung der Alpenart ist das Werk des italienischen Botanikers Pietro Andrea Mattioli, genannt Matthiolus (1501–1577), der sie zunächst als *Leontopodium verum* bezeichnet, dann als *Gnaphalium leontopodium* oder *Leontopodium matthioli* (Mattioli, 1590). Johann Bauhin (1541–1612), der Basler Naturforscher französischer Herkunft, beschreibt sie als *Gnaphalium alpinum magno flore, folio oblongo,* während der französische Botaniker Joseph Pitton de Tournefort (1656–1708) sie *Filago alpina, capite folioso* nennt. Der berühmte schwedische Naturforscher Carl von Linné (1707–1778), Schöpfer der binominalen Nomenklatur der Pflanzen- und Tierarten, hat dieser Pflanze 1753 in seinem Werk *Species Plantarum* die Bezeichnung *Gnaphalium leontopodium* L. gegeben, bevor er sie in der zweiten Ausgabe von 1763 in *Filago leontopodium* L. umtauft. Weitere Namen waren im Umlauf (*Antennaria leontopodium* Gärtner, *Leontopodium umbellatum* Bluff und Fingerh., *Leontopodium leontopodium* Reiser usw.), und schliesslich war es der italienischstämmige französische Botaniker Alexandre Henri Gabriel de Cassini (1781–1832), der ihr 1822 im *Dictionnaire des Sciences Naturelles* den aktuellen Namen *Leontopodium alpinum* gab. Die in den Abruzzen vorkommende Art beschreibt der neapolitanische Botaniker Michele Tenore (1781–1861) 1811 in seiner *Flora Napolitana* zunächst unter der Bezeichnung

15

16

Gnaphalium nivale; sie wurde von den Brüdern Alfred und Edouard Huet du Pavillon in ihrem 1856 erschienenen Werk *Plantae neapolitanae* in *Leontopodium nivale* umbenannt. Deshalb lauten die vollständigen botanischen Namen der beiden Arten des Edelweiss heute *Leontopodium alpinum* Cass. und *Leontopodium nivale* (Ten.) Huet.

In der Folge haben mehrere Botaniker ihre Studien auf die gesamte Gattung *Leontopodium* ausgeweitet.

Als Erster widmete der Genfer Gustave Beauverd (1867–1942) der Art *Leontopodium* eine Monografie; er unterscheidet darin 19 Arten und beschreibt 12 verschiedene Varietäten für die Art *alpinum* (Beauverd, 1911). Der Österreicher Heinrich Freiherr von Handel-Mazzetti (1882–1940) veröffentlicht eine weitere Monografie über die Art *Leontopodium* (Handel-Mazzetti, 1927), in der er die hauptsächlich auf Blüten- und Sexualmerkmalen basierenden Methoden Beauverds anzweifelt. Handel-Mazzetti schlägt einen anderen Bestimmungsschlüssel vor und beschreibt 41 Arten des *Leontopodium.* In sehr viel jüngerer Zeit und ebenfalls in Österreich (Universität Wien) konnte man mittels eines molekularen Ansatzes, basierend auf den Variationen der DNA-Sequenzen, 31 Arten in der Gattung *Leontopodium* unterscheiden und daraus die genetische Verwandtschaft ableiten (Blöch et al., 2010).

15 Links die erste Illustration des Edelweiss im *Codex bellunensis* (fol. 35v), einem Herbarium in farbigen Bildtafeln aus dem 15. Jahrhundert, das in der British Library in London aufbewahrt wird. (Quelle: Archiv des Alpenverein-Museums, Innsbruck)
16 Erste botanische Beschreibungen des Edelweiss von Pietro Andrea Mattioli, zunächst unter der Bezeichnung *Leontopodium verum* (1571), dann *Leontopodium matthioli* (1590). (Aus Theodorus, 1625)

17

18

19

17 Porträt von Alexandre Henri Gabriel de Cassini (1781–1832).
18 Gustave Beauverd (1867–1942). (Foto: Conservatoire et Jardin Botanique, Genf)
19 Heinrich Handel-Mazzetti (1882–1940). (Foto: Conservatoire et Jardin Botanique, Genf)
20 Stammbaum von Handel-Mazzetti (1927) für einen Teil der *Leontopodium,* die er «Sektion Alpina» nannte und die heute der Untergattung *Leontopodium* entspricht. Die beiden europäischen Arten *(L. alpinum* und *L. nivale)* bilden den jüngsten Ast und den isoliertesten in der Evolution der Gruppe.

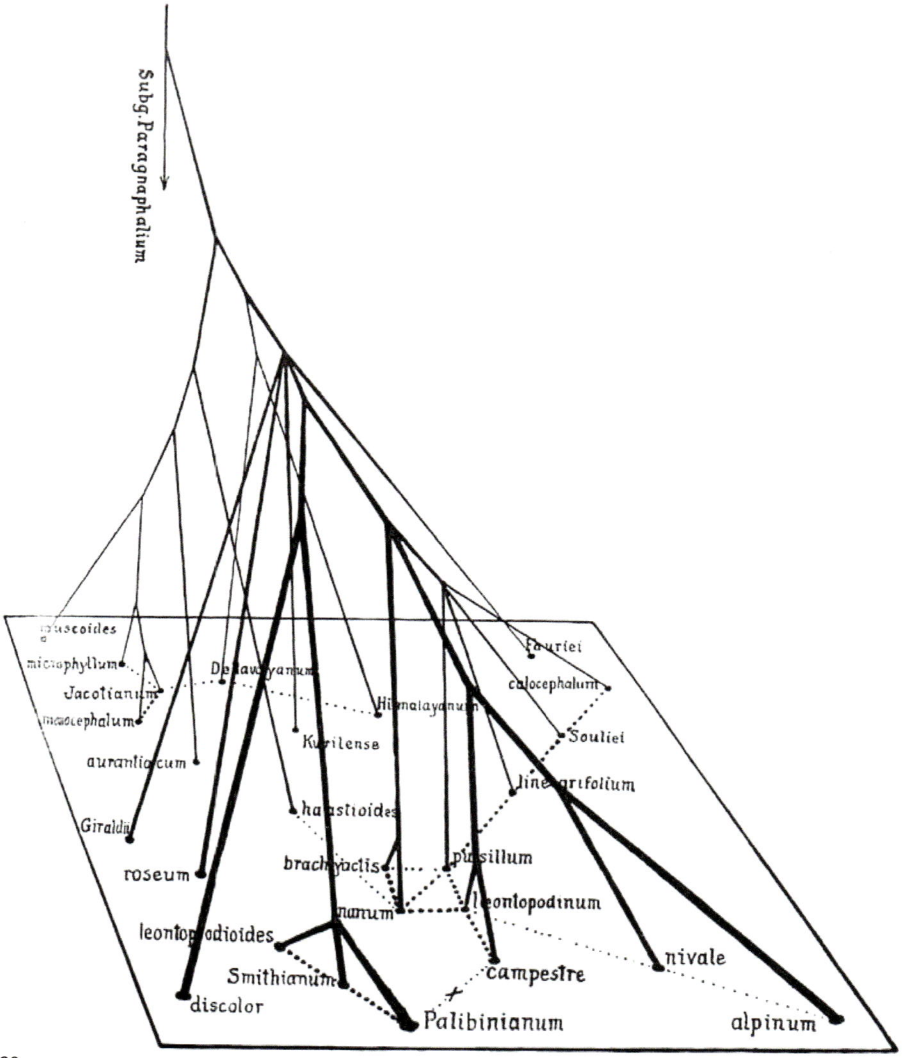

20

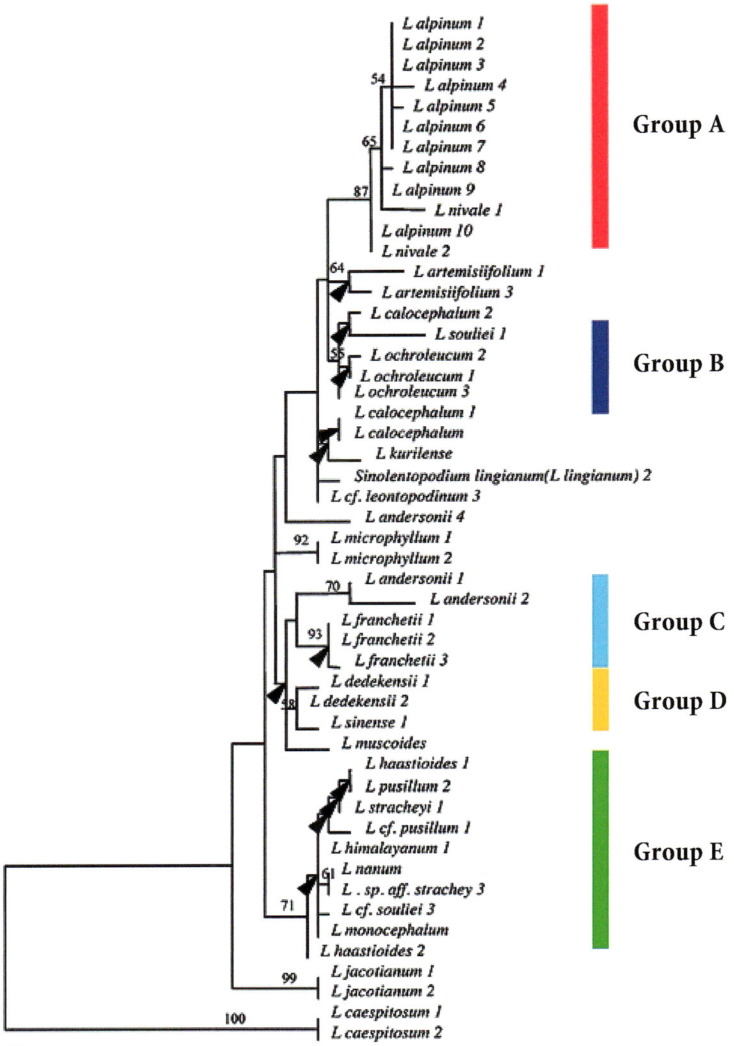

21

21 Consensus-Stammbaum, basierend auf dem genetischen Marker ITS (Internal Transcribed Spacer) (aus Blöch C., 2005). Die Pfeile verweisen auf Seitenlinien, die statistisch nicht exakt belegt sind. Die beiden europäischen Arten *L. alpinum* und *L. nivale* bilden die Gruppe A, die ziemlich deutlich getrennt ist von den anderen Gruppen der Gattung (B bis E).
22 Ein Beispiel der Gattung *Antennaria*, das Gewöhnliche Katzenpfötchen *(Antennaria dioica)*.
23 Ein Beispiel der Gattung *Gnaphalium*, das Gelbweisse Ruhrkraut *(Gnaphalium luteoalbum)*.
24 Ein Beispiel der Gattung *Filago*, das Acker-Filzkraut *(Filago arvensis)*.
25 Ein Beispiel der Gattung *Evax*, das Zwerg-Edelweiss *(Evax pygmaea)*.

Die botanische Abgrenzung zwischen der Gattung *Leontopodium* und ihren nahen Verwandten ist nicht sehr klar. Deshalb wurde das Edelweiss früher von den Botanikern den Gattungen *Gnaphalium*, *Filago* oder *Antennaria* zugeordnet, die ebenfalls eine röhrenförmige Blütenstruktur aufweisen und ein weiss-graues, filziges Aussehen haben. Das Zwerg-Edelweiss *Evax pygmaea*, das einer weiter entfernten botanischen Gattung angehört und im Mittelmeerraum beheimatet ist, trägt dennoch in der Landessprache den Namen «Edelweiss des Meeres»; seine Blütenstände und die gräuliche Farbe der Deckblätter erinnern in erstaunlicher Weise an den silbrigen Stern des Edelweiss *(Leontopodium alpinum)*.

22

23

24

25

26

27

Angepasste Organe

Um unter extremen klimatischen Bedingungen zu überleben, hat jedes Organ des Edelweiss seine Besonderheiten entwickelt, vom Samen über das Wurzelwerk bis zum Stängel, den Blättern und den Blüten.

Am Anfang war der Samen

Der «Samen» des Edelweiss (siehe auch Seite 32) kann, nachdem er auf die Erde gefallen ist, nur keimen, wenn er sich in einem für die Pflanze günstigen Milieu befindet. Eine kleine Hauptwurzel bildet sich gleichzeitig mit den ersten zwei winzigen Blättern, die als Keimblätter bezeichnet werden. Der Stängel des Edelweiss befindet sich zunächst unter der Erde: Es handelt sich um ein schwärzliches Rhizom, aus dem ein Netz feiner behaarter Nebenwurzeln wächst, das der Pflanze zu einer sicheren Verankerung im Boden verhilft. Wie bei vielen Pflanzen in extremen Milieus ermöglicht ihr

28

29

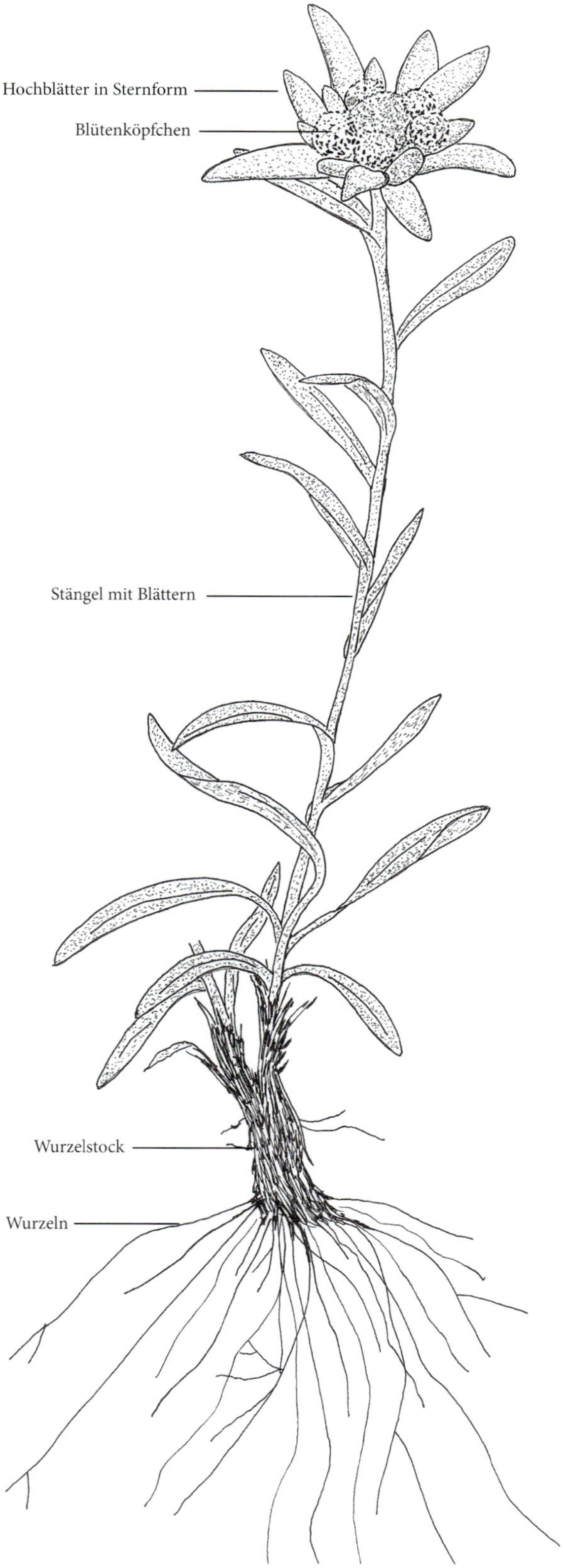

30

26 Keimung von Edelweisssamen in der Saatschale.
27 Aus den dicken, schwärzlichen Rhizomen wachsen die Wurzeln und die belaubten vegetativen Sprosse.
28 Blätter der Rosette
29 Blütenstängel mit filzigen Blättern.
30 Die verschiedenen Organe des Edelweiss. (Zeichnung: Sabine Rey)

das Rhizom das Überleben in der kalten Jahreszeit unter der Erde und damit eine Lebensdauer von mehreren Jahrzehnten; das Edelweiss ist eine hemikryptophytische Pflanze, deren Knospen auf Höhe des Bodens oder knapp darunter wachsen. Im ersten Jahr formen die Blätter Rosetten, die aus dem Rhizom wachsen und so die Knospen der jungen Pflanze vor zu grossen Temperaturunterschieden schützen. Diese mehr oder weniger unbehaarten Rosettenblätter sind von Mai bis Oktober sichtbar. Ihre photosynthetische Aktivität liefert die nötige Energie für das Wachstum des Rhizoms und der Wurzeln. Ab dem zweiten Jahr erscheinen die Luftstängel, deren Anzahl je nach Alter der Pflanze variiert und bis zu 50 pro Rhizom betragen kann. Sie sind meistens behaart und rötlich und erreichen eine Höhe von 3 bis 30 Zentimetern. Sie tragen behaarte, wechselständige und breit lanzettförmige Blätter von einer Länge bis zu 5 Zentimetern und einer Breite von 8 Millimetern. Die Blätter sind oben wolligweiss und an der Unterseite grüner.

In der Höhe erscheinen die ersten Knospen im Juni. Die Hauptblütezeit beginnt ab Mitte Juli und dauert 30 bis 40 Tage.

31

32

33

34

35

31–33 Phasen der Blüte einer weiblichen Edelweisspflanze, von der Knospe bis zur vollen Blüte.
34/35 Die sternförmig angeordneten Hochblätter sind oberseits weiss und wollig, unterseits grün.

Schimmernde Hochblätter

Hochblätter sind umgebildete Blätter, die sich in der Achsel der Blüten befinden und oft ein besonderes Aussehen und eine besondere Farbe haben. Beim Edelweiss sind die Blüten in Blütenkörben gruppiert, umgeben von 5 bis 15 Hochblättern, die in der charakteristischen Sternform angeordnet sind. Die Hochblätter sind auf der oberen Seite von einem Filz aus weissen wolligen Härchen bedeckt, die untere Seite ist mehr oder weniger unbehaart mit deutlicher Nervatur. Der attraktive und spektakuläre Teil des Edelweiss wird also nicht von Blütenblättern gebildet wie bei den meisten Blumen, sondern von weissen, filzigen Hochblättern.

Ein UV-Schutzfilz?

Das Edelweiss ist in grossen Höhen extremen Bedingungen wie starker Sonneneinstrahlung, Wind und Trockenheit ausgesetzt. Um sich zu schützen, entwickelt es auf den Stängeln, den Blättern und vor allem auch auf den Hochblättern einen Filz aus weissen Härchen, der nicht, wie man vielleicht denken könnte, dazu bestimmt ist, es

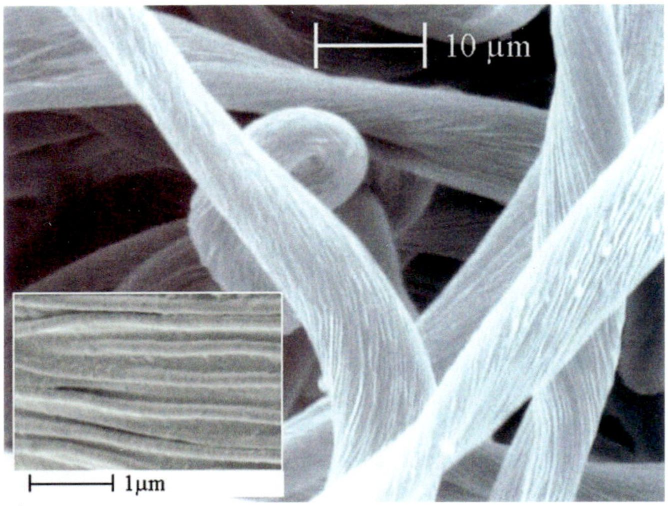

36

vor der Kälte zu schützen – diesen Schutz garantiert bereits die Zusammensetzung des Pflanzensaftes. Der Filz verringert vielmehr die Verdunstung und schützt die Pflanze vor ultravioletten Strahlen (UV). Tatsächlich haben belgische Physiker kürzlich bewiesen, dass der UV-Schutz des Edelweiss hauptsächlich von der Mikrostruktur der Flaumhärchen abhängt (Vigneron et al., 2005). Die Untersuchung der Härchen im Rasterelektronenmikroskop zeigte parallele Fasern mit einem Abstand von etwa 0,18 µm Durchmesser. Diese Distanz entspricht ungefähr der Wellenlänge der UV-A- und UV-B-Strahlen. Es ist also nicht die Dichte des Haarflaums, sondern es sind die physikalischen Eigenschaften der Mikrostruktur der Härchen, die das Edelweiss vor den Sonnenstrahlen schützen, indem sie die UV-Strahlen absorbieren.

Die Form und Grösse der weissen Hochblätter des Edelweiss variieren sehr stark von Pflanze zu Pflanze und an den unterschiedlichen Standorten. Hier sind einige besondere Formen zu sehen:

36 Härchen des Edelweissflaums unter dem Rasterelektronenmikroskop. Die Substruktur der Härchen zeigt parallele Rippen von zirka 0,18 µm Durchmesser, was der Wellenlänge zur Absorption von UV-Strahlen entspricht. (Foto: Jean-Pol Vigneron)
37 Hochblätter in Kelchform.
38 Breite und längliche Hochblätter.
39 Gebogene Hochblätter.
40 Hochblätter mit gestutzter Blattbasis, nach dem Regen (am Blattrand grün).
41 Mehrfache Hochblätter.
42 Gezackte Hochblätter.
43 Detailansicht der Hochblätter, die an den Zacken des Blattrandes Haarbüschel ausbilden.

37

38

39

40

41

42

43

44

Innerhalb einer Population kann es in Form und Grösse eine grosse Vielfalt der Hochblätter geben. Sie sind mal kurz und rundlich, mal breit und länglich. Der Grad der Ausbreitung ist unterschiedlich bei den einzelnen Pflanzen und ändert sich auch mit dem Blütenstadium. Die wollige weisse Behaarung ist je nach Höhe des Standortes mehr oder weniger dicht. Bei Regen zeigen die Hochblätter oft grüne Bereiche am Blattrand. Manchmal bilden die verfilzten Härchen regelmässige Zacken am Rand der Hochblätter, seltener auf den Blättern der Stängel, wie beispielsweise in der abyssalen Situation (das heisst wesentlich tiefer als ihre durchschnittliche Grundverbreitungshöhe) in der Gondoschlucht unterhalb des Simplon-Passes (Wallis, Schweiz). Diese morphologischen Unterschiede blieben übrigens auch den früheren Botanikern nicht verborgen. Ende des 19. und Anfang des 20. Jahrhunderts beschrieben und benannten sie mehrere Varianten, wie etwa 1878 Camille Carron die Form mit der Bezeichnung *triflorum.*

45

44 Teil des Herbariums von Camille Carron (1878), der von *Leontopodium alpinum* die Form *triflorum* beschrieb, die er am Lac de Ferret (Wallis) in einer Höhe von 2500 Metern gesammelt hatte.
45 Ein Blütenstand des Edelweiss mit seinen primären, sekundären und tertiären Blütenköpfchen, umgeben von filzigen Hochblättern, die einen Stern formen. Das zentrale Blütenkörbchen erblüht zuerst und dann die Körbchen zweiter und dritter Ordnung.

Mehr als eine Blüte

Das Edelweiss besteht nicht nur aus einer, sondern aus 50 bis 500 winzigen Blüten, die jeweils in 2 bis 12 Blütenköpfchen gruppiert sind, umgeben von 5 bis 15 weissen, filzigen Hochblättern. Um Insekten anzulocken, soll das Ganze wie eine grosse Blüte erscheinen. Jedes dieser Blütenköpfchen hat einen Durchmesser von 5 bis 7 Millimetern und besteht aus 15 bis 30 (60) winzigen echten Blüten, die dicht gruppiert sind. Auf den kultivierten Pflanzen findet sich die grösste Anzahl an Blüten pro Blütenköpfchen. Jede Blüte ist zusammengesetzt aus 20 bis 25 weissen, fadenförmigen, gezackten Borsten, die gelbliche Blütenblätter umgeben, welche trichterförmig zusammengewachsen sind. Dieser Trichter enthält wiederum die Staubgefässe und/oder den Stempel. Denn die Blüten des Edelweiss sind fast immer zwittrig – männlich und weiblich, bestehend aus Stempel und Staubgefässen –, sehr selten eingeschlechtlich, das heisst nur mit Stempel. Kurioserweise gibt es bei den weiblichen Blüten vier Blütenblätter, und der Stempel wird von einer zweigespaltenen Narbe fortgesetzt, während es bei den zwittrigen Blüten fünf Blütenblätter sind und der Stempel von einer keulenförmigen Narbe fortgesetzt wird. Die Staubgefässe bestehen aus fünf Staubbeuteln (oberster Teil, der den Pollen umschliesst), die zu Röhren zusammengewachsen sind. Bei Erreichen der Reife setzen sie gelbe Blütenstaubkörnchen frei, die mit der ebenfalls herangereiften Narbe in Berührung kommen. So kann dann eine Selbstbefruchtung stattfinden. In der Regel haben die inneren Blütenkörbchen zwittrige Blüten, während sich in den äusseren Blütenkörbchen eingeschlechtliche Blüten in ungeordneter Zusammensetzung befinden. In bestimmten Fällen kommt es sogar vor, dass alle Blüten einer Pflanze ausschliesslich zwittrig sind oder ausschliesslich

46

47

48

46 Weibliche Röhrenblüten auf dem zentralen Blütenkörbchen, überragt von einer zweispaltigen, weissen Narbe. Die zwittrigen Blüten erscheinen erst 4 bis 5 Tage später!
47 Weibliche Röhrenblüten mit fadenförmigen, aufgerichteten Narben auf dem zentralen Blütenkörbchen (*Leontopodium alpinum* «Helvetia»). (Foto: Pascal Sigg)
48 Weibliche Röhrenblüte mit vierzipfliger Krone, die vom Griffel mit der zweilippigen Narbe überragt wird. Auffällig sind die Borstenhaare, welche die Blüte umgeben.
49 Zwittrige gelbe Röhrenblüten auf dem zentralen Blütenkörbchen, in der Blühreife. Die Narben der weiblichen Blüten sind bereits verwelkt!
50 Zwittrige Blüten auf dem zentralen Blütenkörbchen. Man sieht die fünf Blütenblätter jeder Blüte und die keulenförmigen Narben, die von den Staubgefässen umgeben sind (*Leontopodium alpinum* «Helvetia»). (Foto: Pascal Sigg)
51 Zwittrige Röhrenblüte mit fünf Blütenblättern; in der gelben Säule befinden sich die Staubbeutel und der Stempel, umgeben von gezahnten Borsten.

49

50

51

weiblich; rein männliche Pflanzen kommen beim Edelweiss nicht vor. Im Inneren eines einzelnen Blütenkörbchens geschieht die Entwicklung und die Ausbreitung der Blüten zentripetal (von aussen zum Mittelpunkt), während im gesamten Blütenstand das Aufblühen zentrifugal erfolgt: Das zentrale Blütenkörbchen blüht als Erstes auf, dann die Blütenkörbchen im Umkreis in der genau festgelegten Abfolge der Entwicklung. In der Natur erscheinen die ersten Blüten im Allgemeinen frühestens ab dem dritten Jahr.

Die Vorblätter

Während man die umgebildeten Blätter um die Blütenstände Hochblätter nennt, werden die Blätter, die eine Hülle um die Blütenköpfchen im Inneren des Blütenstandes bilden, Vorblätter oder Brakteolen genannt. Vor der Öffnung der Blütenkronen zeigen sie sich in Form länglicher, spitz zulaufender, schwärzlicher Schuppen, die an der Aussenseite weisse, wollige Härchen tragen. Nach der Verbreitung der Samen bildet ihre Innenseite eine Art Kelch um den kahlen Blütenboden.

52

53

54

55

56

57

Von Fliegen bestäubt?

Das Edelweiss zieht eine Vielzahl von Insekten an, insbesondere Fliegen *(Muscidae)*, die auf den süssen Honiggeruch (Phenylethylalkohol und Phenylessigsäure), vermischt mit dem beissenden Schweissgeruch (3-Methyl-2-Pentensäure und Buttersäure) reagieren, den seine Blüten ausströmen (Erhardt, 1993).Untersuchungen haben sogar gezeigt, dass die Aminosäuren im Edelweissnektar für den Stoffwechsel der Fliegen spezifisch notwendig sind; diese gewährleisten denn auch zu 88 Prozent die Bestäubung des Edelweiss (Erhardt, 1993). Die filzigen Hochblätter haben dabei eine doppelte Funktion: Sie sind visueller Anziehungspunkt und Landebahn.

52 Schwärzliche Vorblätter, die die Blütenkörbchen nach der Verbreitung der Samen umschliessen.
53 Vorblätter, die die Blütenköpfchen vor der Öffnung der Blütenkronen umgeben.
54 Es sind hauptsächlich Fliegen, angezogen vom Honig- und Schweissgeruch des Edelweiss, die seine Blüten bestäuben.
55–57 Die Blüten des Edelweiss empfangen auch noch andere Besucher wie Wanzen (55), Milben (56) oder Käfer (57).

Samen mit Fallschirm

Die Früchte oder landläufig «Samen» des Edelweiss sind Schliessfrüchte von 1,5 Millimeter Länge und brauner Farbe, die sich nicht öffnen (Achäne genannt). Sie werden von einem Flugschirm getragen, der *Pappus* genannt wird und durch Austrocknen der weissen, gezackten Borsten um die Blüten entsteht. Er ermöglicht die Verbreitung der Samen durch den Wind. Eine befruchtete Blüte produziert nur einen einzigen Samen. Die Reife benötigt 20 bis 30 Tage.

58

59

58 Wenn die Samen reif sind, öffnet sich der Haarkranz wie ein Fallschirm und erleichtert das Davonfliegen.
59 Edelweisssamen auf Millimeterpapier.
60/61 Das Edelweiss in der Höhe (60) und an tiefem Standort (61).

Wo wächst das Edelweiss?

Charly Rey, Sabine Rey, José F. Vouillamoz

Habitat

Das Edelweiss findet man im Allgemeinen in den subalpinen und alpinen Vegetationsstufen, zwischen 2000 und 3000 Meter Höhe. Im weltweiten Vorkommen (siehe Seite 10 befindet sich der höchste Standort auf 3140 Metern auf dem Oberrothorn oberhalb von Zermatt (Wallis, Schweiz) und der tiefste auf 220 Metern in Most na Soči (Slowenien) (Hegi, 1927). In der Schweiz wurde das Edelweiss Ende des 19. Jahr-

60

61

62

62 Der tiefste jemals in der Schweiz beobachtete Standort befand sich auf 469 Meter Höhe, im Moorgebiet von Praz-Pourris in der Gemeinde Vétroz. An diesem Standort ist es heute verschwunden und bleibt nur noch als Teil des Herbariums des Genfer Botanikers Gustave Beauverd von 1897. (Foto: Conservatoire et Jardin Botanique, Genf)
63 Das Edelweiss in Gesellschaft von Blaugras *(Sesleria caerulea, Poaceae),* dessen feine und kompakte Halme sich hier gegen den Himmel abzeichnen (*Seslerion*-Verband).
64 Das Edelweiss in Gesellschaft des rotbraunen Nacktrieds am Ende des Sommers (*Nacktriedrasen; Elynetum*).

hunderts in 469 Meter Höhe bei Vétroz in der Rhoneebene gesichtet, aber dort ist es heute verschwunden. Derzeit befindet sich sein tiefstgelegenster Standort im Wallis in der Gondoschlucht im Süden des Simplonpasses auf 1000 Meter Höhe.

Das Edelweiss liebt besonders steinige, sonnige Wiesen und ausgesetzte Kalksteinfelsen, die oft steil abfallend und unzugänglich sind. Doch oft ist es auch am Rand von Weideflächen zu finden. Die optimalen ökologischen Bedingungen für das Edelweiss sind mässige Trockenheit, magere und mässig basenreiche Böden (pH 5,5–8) und gute Belichtung, wobei es aber auch zeitweise Schatten verträgt. Es besiedelt Hochgebirge und arktische Regionen mit gemässigtem Kontinentalklima (Lauber und Wagner, 2000). Derzeit laufen Forschungen, um die Ökologie des Edelweiss besser zu verstehen (Keller und Vittoz, 2009).

Die Begleitpflanzen

Jeder natürliche Lebensraum kann durch eine kleine Gruppe von Arten charakterisiert werden, die eine typische Pflanzengesellschaft bilden: Man spricht hier von

Pflanzensoziologie. Das Edelweiss findet man vorwiegend in zwei verschiedenen Pflanzengesellschaften (Delarze und Gonseth, 2008):

- Kalkblaugras-Trockenrasen (*Seslerion*-Verband) wird von zwei charakteristischen Arten dominiert: vom Blaugras *(Sesleria caerulea, Poaceae)* und von der Horst-Segge *(Carex sempervirens, Cyperaceae)*. Dieser alpine Rasentyp weist eine Struktur auf, die durch die Dominanz horstbildender Pflanzen bedingt ist. Oft formen sich terrassenartige Absätze parallel zu den Höhenlinien, bewirkt durch sehr langsame Bodenbewegungen (Solifluktion). Die Erde ist eher oberflächlich und trocken, oft sehr steinig. Dieser Rasen bedeckt die steinigen Kalk- oder Dolomithänge, meist in sonnigen Lagen.
- Der Rasen windausgesetzter Grate (Nacktriedrasen) weist dichte Nacktried-Horste *(Elyna myosuroides, Cyperaceae)* mit bräunlichen, steifen und borstigen Blättern auf. Zwischen diesen Horsten wachsen niedrige Pflanzen und Flechten. Diese spezialisierte Gesellschaft bedeckt nur begrenzte Flächen auf Graten mit kontinentalem Mikroklima. Durch das Fehlen der Schneedecke im Winter ist dieser Lebensraum sehr niedrigen Temperaturen und der Austrocknung und Erosion durch den Wind ausgesetzt. Dieser Rasen wächst nicht auf rein mineralischen Substraten. Der Boden ist reich an Basen und Feinerde und stammt oft aus einer Periode, in der weniger harte lokale Bedingungen herrschten.

Die terrassenförmige Struktur des für das Edelweiss günstigen Milieus bietet viele unterschiedliche Mikroklima-Zonen. Das ist für viele Arten des europäischen Alpenraums günstig, von denen einige örtlich begrenzt, selten oder bedroht sind.

63

64

65

66

65/66 Das Edelweiss befindet sich oft in Gesellschaft der Alpen-Aster *(Aster alpinus, Asteraceae)* im Kalkblaugras-Trockenrasen.

67

68

69

67 Steinnelke *(Dianthus sylvestris, Caryophyllaceae)*, mit rosa Blüten.
68 Berg-Hauswurz *(Sempervivum montanum, Crassulaceae)*.
69 Der Feldenzian *(Gentiana campestris, Gentianaceae)* blüht neben dem Edelweiss am Ende des Sommers.
70 Silberwurz *(Dryas octopetala, Rosaceae)*.

70

71

72

71 Berg-Drachenkopf *(Dracocephalum ruyschiana, Lamiaceae).*
72 Weibliche Pflanzen des Gewöhnlichen Katzenpfötchens *(Antennaria dioica, Asteraceae).*
73 Sumpf-Herzblatt *(Parnassia palustris, Celastraceae).*

74

75

74 Dolomiten-Fingerkraut *(Potentilla nitida, Rosaceae)* mit rosa Blüten (Foto: Joseph Thierrin).
75 Gletscher-Edelraute *(Artemisia glacialis, Asteraceae)*.
76 Echte Edelraute *(Artemisia umbelliformis, Asteraceae)*.

76

77

78

79

77 Rispen-Steinbrech *(Saxifraga paniculata, Saxifragaceae).*
78 Horst-Segge *(Carex sempervirens, Cyperaceae).*
79 Allionis- oder Westalpen-Glockenblume *(Campanula alpestris, Campanulaceae).*

80 Felsen-Leimkraut *(Silene rupestris, Caryophyllaceae)* mit weissen Blüten und Spinnweb-Hauswurz *(Sempervivum arachnoidum, Crassulaceae)* mit roten Blüten.
81 Feld-Spitzkiel *(Oxytropis campestris, Fabaceae)*.
82 Pfauennelke *(Dianthus pavonius, Caryophyllaceae)* mit rosa Blüten und Hahnenfuss-Hasenohr *(Bupleurum ranunculoides, Apiaceae)* mit gelben Blüten.

80

81

82

Schutzstatus

Da das Edelweiss sehr begehrt und relativ selten ist, wurde das Pflücken im gesamten Alpenbogen seit Ende des 19. Jahrhunderts streng reglementiert, zuerst im Jahr 1878 im Schweizer Kanton Obwalden, dann in Österreich, wo das Edelweiss landesweit seit 1886 geschützt ist, und dann praktisch im gesamten Verbreitungsgebiet der beiden Arten *Leontopodium alpinum* und *Leontopodium nivale.*

Der aktuelle Schutzstatus des Edelweiss *(Leontopodium alpinum* und *Leontopodium nivale)* im gesamten Verbreitungsgebiet, geordnet nach Art und nach Gebirge von West nach Ost:

Leontopodium alpinum		
Gebirge	**Land**	**Hauptregion**
Pyrenäen	Spanien	Aragonische Pyrenäen (Nationalpark Ordesa)
	Frankreich	Zentralpyrenäen
Jura	Frankreich	Jura
	Schweiz	Jura
Alpen	Frankreich	Hautes-Alpes
	Frankreich	Alpes de Haute-Provence
	Frankreich	Isère, Savoyen, Hochsavoyen, Dauphiné, Niederalpen, Seealpen
	Schweiz	Wallis, Graubünden, Tessin, Bern
	Italien	Südtirol, Friaul
	Slowenien	Gorizia, Gradisca, Carniola
	Deutschland	Bayerische Alpen
	Österreich	Vorarlberg, Kalk-Hochalpen, Tirol, Steiermark usw.
Ligurischer Apennin	Italien	Monte Antola (verschollen?)
Dinarische Alpen	Kroatien	Velebit, Kapela
	Bosnien-Herzegovina	Osječenica, Šator, Dinara, Troglav, Cvrsnica
	Montenegro	Ranišava, Tara- und Piva-Schlucht
	Serbien	Zlatar- und Kopaonik-Gebirge, Javor, Mučanj, Beli Rzav Schlucht (zwischen Zaovine und Kotroman)
	Albanien	Trojan
Karpaten	Rumänien	Transsilvanien
	Polen	Tatra-Nationalpark
	Slowakei	Berg Kriváň (Hohe Tatra)
	Ukraine	Tchornohora in der Oblast Transkarpatien

Leontopodium nivale		
Gebirge	**Land**	**Hauptregion**
Apennin	Italien	Abruzzen, Molise
Balkan	Bulgarien	Nationalpark Pirin, Grosser Balkan
	Kosovo	Shljeb bei Peć/Pejë

* Auf nationaler Ebene ist das Edelweiss paradoxerweise in der Schweiz nicht geschützt, jedoch in allen Kantonen, in denen es vorkommt.

Schutzstatus
Vollständiger Schutz Pflücken verboten oder streng limitiert
Pflücken erlaubt: eine Handvoll pro Person Kantonaler Schutz*
Pflücken verboten oder streng limitiert Pflücken erlaubt bis zu 10 Blumen/Person Pflücken erlaubt: eine Handvoll pro Person Kantonaler Schutz* Selten und bedroht, vollständiger Schutz Vollständiger Schutz Sehr gefährdet, vollständiger Schutz Vollständiger Schutz
Vollständiger Schutz
Gefährdet, strenger Schutz *(Nikolić und Topić, 2005)* Gefährdet, strenger Schutz Vollständiger Schutz Gefährdet, strenger Schutz (Stevanović und Stevanović, 1999) Wahrscheinlich verschollen
Gefährdet, strenger Schutz *(Witkowski et al., 2003)* Kein Schutz *(Witkowski et al., 2003)* Bedroht, strenger Schutz *(Witkowski et al., 2003)* Bedroht, strenger Schutz *(Witkowski et al., 2003)*

Schutzstatus
Selten und bedroht, vollständiger Schutz
Gefährdet, vollständiger Schutz *(Petrova und Vladimirov, 2009)* Vollständiger Schutz

83

83 Edelweiss bei Sonnenuntergang. (Foto: Nestor Carballo)

Das Edelweiss in der Schweiz, in Deutschland, Österreich, Italien und Frankreich: Wo die Autoren fündig wurden

Charly Rey, Sabine Rey (Schweiz, Italien, Frankreich),
Martin Wiesmeier (Deutschland, Österreich)

In der Schweiz

In der Schweiz umfasst das Verbreitungsgebiet des Edelweiss alle alpinen Kantone. Verfügt man über eine gute Beobachtungsgabe, ist es ganz leicht, das Edelweiss in mehreren Alpenregionen auf den Kalkschichten und auf Kalkschiefer zu finden.

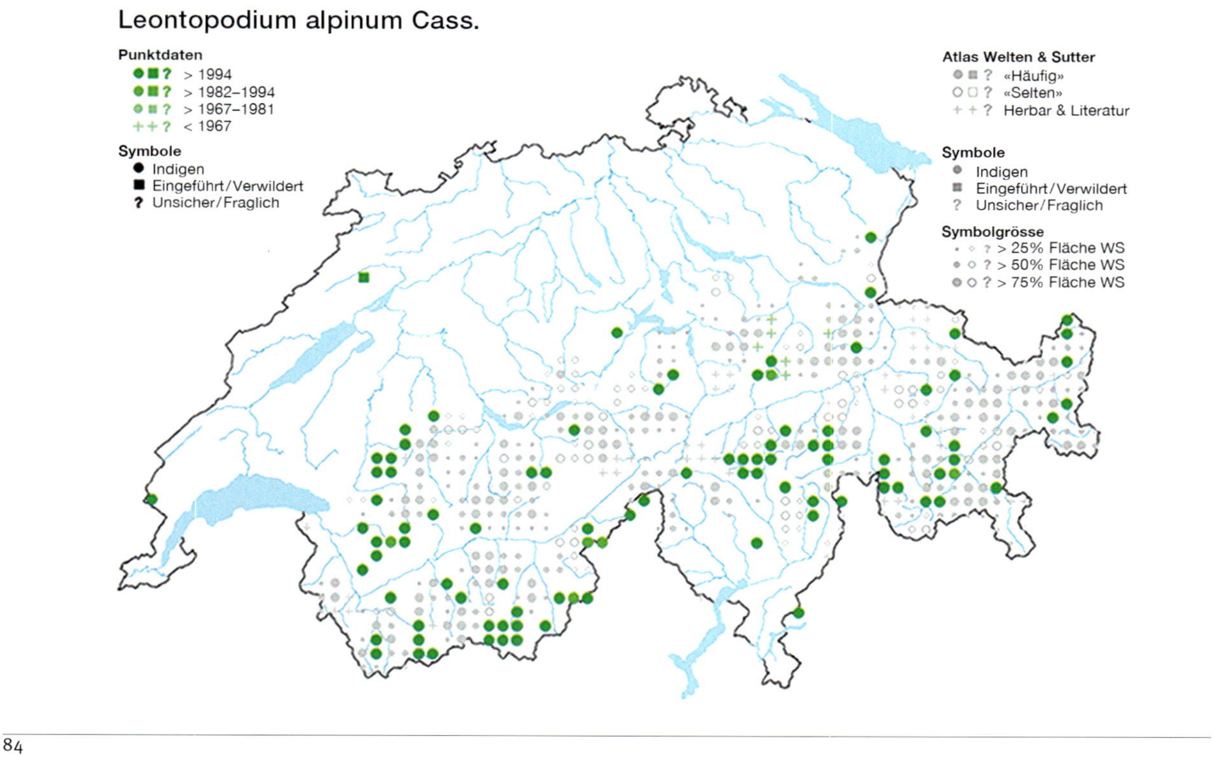

85

86

In den Berner Alpen

84 Verbreitungsgebiet von *Leontopodium alpinum* in der Schweiz, erstellt vom Zentrum des Datenverbundnetzes der Schweizer Flora (ZDSF, © CRSF/GEOSTAT).
85 Tsa di Fayes bei Sanetsch. Dieser Kalkfelsen-Riegel an einem Südhang der Wildhorn-Decke beheimatet eine schöne Edelweisspopulation.
86 Ein Edelweiss-Blütenstand an diesem Standort.

87

88

89

87 La Chaux de Mié bei Conthey. Heute ist dieser Standort eine Schafweide. Man steigt von Derborence über den Poteu des Etales auf. Von der Chaux de Mié kann man den Sanetschpass und die Prarochet-Hütte erreichen.
88 Die Grösse der Edelweisspflanzen an diesem Standort ist spektakulär; daher sind sie leicht zu fotografieren.
89 Ein Bartgeier besucht regelmässig die Felsbänder dieses Standortes.

90 Ein Edelweisspolster.
91 Derochia bei les Mayens de Montbas/Derborence. Diese Stelle ist schwierig zu erreichen. Le Derochia ist ein nicht markierter Steig von Mayens de Montbas, den man hier unterhalb der ehemaligen Alp Cindo (1940 m) und der Alp Chaux de Lodze (2178 m) sieht. Für nicht schwindelfreie Personen ist der Aufstieg nicht zu empfehlen!
92 In diesem steilen Gelände sind die Edelweisspolster kräftig.

90

91

93

93 Le Petit Cor bei Sorniot (Fully). Petit Cor ist der Name der sonnigen Wiesen im Talkessel des Sorniot-Kars. Im Hintergrund zeichnen sich der Six du Doe und der Grand Chavalard ab.
94 Das Edelweiss ist auf dem Petit Cor selten. Es wächst auf kalkhaltigen Böden. Die Zierliche Gelbflechte *(Xanthoria elegans)* auf den Steinen ist ein Karbonatindikator. Das Edelweiss befindet sich hier in Gesellschaft des Nacktrieds *(Elyna myosuroides, Cyperaceae)* links und des Niedrigen Schwingels *(Festuca pumila, Poaceae)* rechts.
95 Die Alpenbraunelle *(Prunella collaris)* fühlt sich auf dem Petit Cor ebenfalls sehr wohl.

94

95

96 Bella Crêta auf der Dent de Morcles. Der Weg verläuft zwischen den Edelweissbändern, am Fuss einer Kalkdecke. In den Felsen der Petite Dent de Morcles sieht man eine wundervolle geologische Faltenstruktur.
97 Eine Edelweisspopulation auf einem Grasband – im Hintergrund das Rhonetal, der Genfersee und der Jura.
98 Ein grosses Büschel Edelweiss mit etwa vierzig Blütenstängeln vor dem Trientmassiv und dem Mont Blanc.
99 Das Edelweiss wächst an diesem Standort in Gesellschaft des seltenen blauen Berg-Drachenkopfes *(Dracocephalum ruyschiana, Lamiaceae)*.

96

97

98

99

In den Walliser Alpen

100 Zermatt. Zusammentreffen zweier Mythen: das Matterhorn (4476 m) und das Edelweiss.
101 Edelweisspflanzen oberhalb von Zmutt vor dem Matterhorn.
102 Gondoschlucht: In diesem Massiv aus Gneisfelsen nahe der italienischen Grenze findet man Edelweiss in einer Höhe von 1000 Metern.

100

101

102

103

104

105

103 In der Gondoschlucht weisen die Pflanzen gezackte stängelständige Blätter auf.
104 Vor dem Kraftwerk von Mattmark macht der schmelzende Allalingletscher Felsen und Kies Platz, die von den Edelweisspflanzen sehr geschätzt werden. Die Böschungen an der Staumauer werden ebenfalls von Edelweisspolstern besiedelt.
105 Eine Edelweisspflanze wächst in Gesellschaft des Pracht-Steinbrechs *(Saxifraga cotyledon, Saxifragaceae)*, eine Art, die nur auf Silikatfelsen wächst: ein Paradox für das Edelweiss, das auf Kalkfelsen angewiesen ist! Karbonate, die aus den Kalkfelsen oberhalb gelöst und von den Niederschlägen abwärts gespült werden, erklären sein Vorkommen in dieser kühlen Schlucht.

107

108

106 Hallers Primel *(Primula halleri, Primulaceae)* wächst in den Kalksteinfelsen von Mattmark in Gesellschaft des Edelweiss.
107 In der Dämmerung grasen eine Steingeiss (weiblicher Steinbock) und ihre Jungen auf einem Grat (Mattmark, Wallis).
108 Das Edelweiss blüht in Mattmark zwischen Fleischers Weidenröschen *(Epilobium fleischeri, Onagraceae).*

109 Die Blüten des Edelweiss werden von einer Schlupfwespe besucht (Mattmark, Wallis).
110 Edelweiss auf einem Fels bei Moiry.
111 Moiry bei Grimentz (Val d'Anniviers). Auf der Alp Châteaupré (2450 m), gegenüber dem Moiry-Gletscher, bieten Kalkschieferblöcke dem schönen Edelweiss Unterschlupf.

109

110

111

112

113

112 Das Edelweiss hebt sich gegen den blauen Himmel ab, mit dem Moirygletscher im Hintergrund.
113 Edelweiss, fotografiert oberhalb von Moiry.
114 Unter den Begleitpflanzen in Moiry kann man die seltene Gewöhnliche Alpenscharte *(Saussurea alpina)* finden, die hier von einem Hochalpen-Perlmutterfalter *(Boloria pales)* besucht wird.

115 Die Tsa de Volovron bei Evolène (Val d'Hérens). «Tsa» ist ein Walliser Dialektausdruck für eine Hochalp, wo im August das Vieh weidet. Die Tsa de Volovron liegt gegenüber der Dent Blanche (4357 m) links, der Dent d'Hérens (4171 m) rechts sowie den Gletschern des Plateau d'Hérens und dem Ferpècle-Gletscher vorne. Ein Horst Edelweiss auf dem von der Zierlichen Gelbflechte *(Xanthoria elegans)* bedeckten Kalkschieferblock.
116 Auf der Bergweide Tsa de Volovron dominieren das Moor-Blaugras *(Sesleria caerulea, Poaceae)* und das Nacktried *(Elyna myosuroides, Cyperaceae)*; die vielen weissen Punkte sind Edelweiss! Oft kreisen darüber Alpendohlen und Alpenkrähen.
117 Das Edelweiss muss die aufgeschichteten, mit Flechten überzogenen Steine dieses historischen Hügelgrabs nicht um ihre Schönheit beneiden.

115

116

118

119

118 Der Lebensraum des Edelweiss ist auch jener der Gämse, die mit Eleganz flüchtete, als wir uns näherten. (Foto: Giorgio Skory)
119 Bei dieser Kulisse ist das Fotografieren ein wahres Vergnügen. (Foto: Giorgio Skory)
120 Ein Edelweisspolster zu Beginn der Blüte.

120

121 Das Wasserkraftwerk Grande Dixence am Ende des Val d'Hérens. Auf den Felsen und dem Kies, die beim Bau der Staumauer liegen geblieben sind, blühen zahlreiche Edelweiss und Edelrauten *(Artemisia umbelliformis* und *A. spicata)*.
122 Ein mit Edelweiss gesprenkelter Abhang.
123 Pierre Avoi bei Verbier. Der Pierre Avoi (2473 m) ist ein Kalksteinfelsen, der auf der Höhe von Saxon (Zentralwallis) über dem Rhonetal aufragt.

121

122

123

124

125

126

124 La Tsessette bei Mauvoisin (Val de Bagnes). Eine bedeutende Edelweisspopulation wächst auf dem Kalkschiefer-Alpenrasen der Alp Tsessette, die über dem Mauvoisin-Stausee (2500 m) und gegenüber des Pleureur (3703 m) und des Giétro-Gletschers (rechts) liegt.

125 Die senkrechte, 200 Meter hohe Nordwand ist bekannt für ihre Kletterrouten. In den steil abfallenden Felsen blüht das Edelweiss. (Foto: Claude-Alain Carron)

126 Man findet dort Edelweisshorste in Gesellschaft des seltenen Polster-Steinbrechs *(Saxifraga diapensioides, Saxifragaceae)*, den man an den Polstern aus kleinen bläulichen Blättern und den gelblichen Blütenkelchen erkennen kann. (Foto: Claude-Alain Carron)

127

128

129

Im Jura

130

127 Die Bergbewohner kennen die Standorte des Edelweiss, die sie immer wieder gerne aufsuchen. Im Hintergrund der Epicoune-Gletscher.
128 An einem Regentag: Ein Edelweisshorst in den Felsen.
129 Das Edelweiss ist auf dem Dôle schon Mitte des 19. Jahrhunderts bekannt. Mehrere Belege des Herbariums zeigen das.
130 Im Kalkstein des Jura ist das Edelweiss sehr selten. Man findet es in den felsigen Südosthängen im Gipfelbereich des Dôle (1677 m) im Waadtländer Jura an der Grenze zwischen der Schweiz und Frankreich. Der Berg ragt hoch über dem westlichen Waadtland und dem Genfersee auf und liegt gegenüber der Haute-Savoie und dem Mont-Blanc (4807 m), den man im Hintergrund sieht.

In Deutschland

In Deutschland ist das Edelweiss von Natur aus relativ selten, da im deutschen Alpenraum nur wenige potenzielle Wuchsorte in Lagen oberhalb von 2000 Meter Höhe existieren. Zudem wurde das Edelweiss wie keine andere Pflanze in Deutschland durch Abpflücken in vielen Regionen ausgerottet. Heute findet es sich zumeist nur noch an steilen, unzugänglichen Standorten vor allem in den Hochlagen der Allgäuer Alpen sowie vereinzelt in den Bayerischen und Berchtesgadener Alpen.

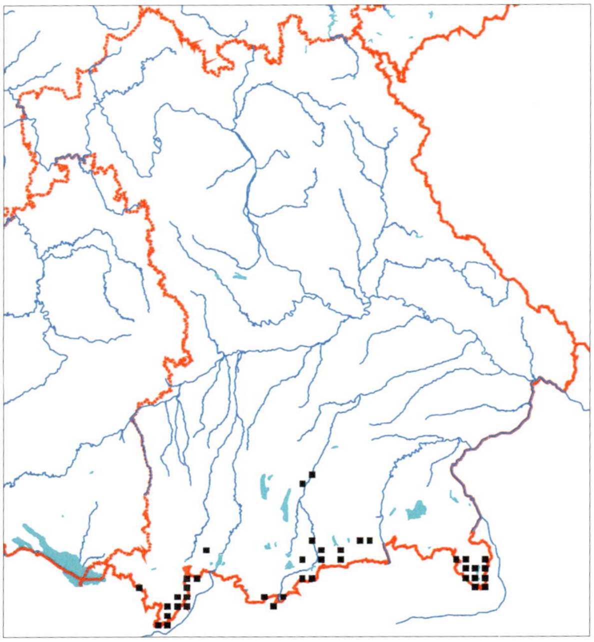

131

132

133

131 Verbreitungskarte von *Leontopodium alpinum* in Bayern (Quelle: Zentralstelle für die floristische Kartierung Bayerns).
132 Edelweiss am Aggenstein.
133 In den Hochlagen der Allgäuer Alpen wie hier rund um das Rappenalptal ist das Edelweiss noch häufiger anzutreffen (Foto: Alexander Bochen).

134 Neben dem Allgäu sind die Berchtesgadener Alpen ein weiterer Vorkommensschwerpunkt des Edelweiss in Deutschland. Nicht mehr allzu viele Exemplare kann man am Schneibstein im Nationalpark Berchtesgaden entdecken.
135 Die Höfats ist einer der markantesten Grasberge der Allgäuer Alpen, in deren steilen Grasflanken noch grössere Edelweisspopulationen zu finden sind. (Foto: Alexander Bochen)
136 Einige besonders schöne, hochwüchsige Exemplare befinden sich in den steilen Südflanken des Reiteralmplateaus unterhalb der Hüfelwand.
137 Einige Vorkommen, wie hier im Gipfelbereich des Spitzsteins, gehen möglicherweise auf eine künstliche Ausbringung zurück.

135

136

137

In Österreich

138

139

140

138 Im botanisch sehr reichhaltigen Rofangebirge kann man das Edelweiss beim Anstieg zum Kotalmjoch antreffen.
139 Auf dem Karstplateau des Steinernen Meeres, das zu den Berchtesgadener Alpen gehört, kann man das Edelweiss am Zustieg zum Ingolstädter Haus entdecken.
140 Edelweissstern am Blaser, einem der schönsten Blumenberge Tirols.
141 Ein spektakuläres Vorkommen befindet sich am Gamsjoch im Karwendel, das sich ideal für eine Herbstwanderung zur Edelweissblüte eignet.

141

142

143

144

142 Im Gaisbergtal bei Obergurgl kann man das Edelweiss entlang des Gletscherbachs des Gaisbergferners antreffen.
143 Der leicht zu erreichende Bergrücken der Hohen Mut bei Obergurgl bietet nicht nur eine phantastische Aussicht auf die vergletscherte Bergwelt der Ötztaler Alpen, sondern auch eine reichhaltige Alpenflora, darunter auch das Edelweiss.
144 In den Zillertaler Alpen bietet sich mit der Überschreitung des Schönbichler Horns die Möglichkeit, einen leichten 3000er zu besteigen und dabei das Edelweiss zu Gesicht zu bekommen.

In Italien

Im Aostatal

145 Val di Rhêmes. Auf der Alpe de Fos oberhalb von Rhême-Notre-Dame mischt sich das Edelweiss manchmal mit dem Schwalbenwurz-Enzian *(Gentiana asclepiadea, Gentianaceae),* der blaue Blüten hat und Feuchtigkeit liebt.
146 Die Bergweide von Thoules in Valpelline (links) in der Senke Conca di By beherbergt eine kleine Edelweisskolonie. Im Hintergrund der Col Fenêtre de Durand (2805 m), rechts der Mont Gelé (3518 m), links in der Wolke der Mont Avril (3346 m). Im Vordergrund die Pointe d'Ollomont (2721 m).
147 An der Auffahrt zum Col Agnel, der die Provinz Cuneo im Piemont mit Queyras in den französischen Hochalpen verbindet, blühen Edelweisshorste auf einem Felshang mit einer Vielzahl von botanischen Besonderheiten.
148 An diesem Standort wächst das Edelweiss oft neben der Pfauennelke *(Dianthus pavonius, Caryophyllaceae).*

145

146

Auf dem Col Agnel

147

148

In Frankreich
Auf dem Col du Mont Cenis

149

149 Detailansicht einer Edelweisspflanze.
150 Edelweiss oberhalb des Wasserkraftwerks am Mont Cenis.

Kultivierung des Mythos

José F. Vouillamoz, Claude-Alain Carron, Catherine Baroffio

Von der Natur zur Kultur

Die Domestikation und die Selektion von Pflanzen bilden die zwei Phasen eines langen Prozesses, der auf das einfache Pflücken folgt. Die Domestikation (lat. *domesticus,* von *domus,* Haus) besteht in der Kultivierung einer Wildpflanze durch den Menschen, während die Selektion (lat. *selectio,* Wahl, Auslese) in der Verbesserung der Eigenschaften der Pflanze besteht, um ihre Kultivierung zu optimieren. Im Falle des Edelweiss liegt der Nutzen der Domestikation in erster Linie in seinem Schutz in der natürlichen Umgebung, da sie das wilde Pflücken reduziert, das im gesamten Alpenbogen verboten oder stark limitiert ist. Dieser erste Schritt der Kultivierung wurde schon oft realisiert – in den botanischen Alpengärten oder in Zier-Steingärten. Laut Henry Correvon (1885), Gründer und erster Direktor des botanischen Alpengartens La Linnaea in Bourg-St-Pierre (Wallis, Schweiz), entstanden die ersten Steingärten mit alpinen Pflanzen im Laufe des 16. Jahrhunderts in England, während in Kontinentaleuropa das Interesse für die alpinen Pflanzen erst Mitte des 19. Jahrhunderts aufkam. Tatsächlich ist die Kultivierung des Edelweiss für Steingärten zur Verschönerung von Wohnhäusern relativ einfach. In tieferen Lagen neigt es dazu, ein wenig von seiner Pracht zu verlieren – eine Erfahrung, die schon Nicholson und Mottet (1892) von den Royal Botanical Gardens in Kew, London, machten. In der alpinen Umgebung bewahren die Pflanzen dagegen ihren Glanz vollständig, was Correvon (1901) beschreibt: «Im Alpengarten Linnaea [in Bourg-Saint-Pierre, Wallis], auf den Felsbändern unter dem Gipfel, in voller Sonne und von heftigen Stürmen gepeitscht, entwickelt die Pflanze ihren vollen samtigen Glanz.» Allerdings zeigen sich grosse Unterschiede in Grösse und Aussehen, wenn das Edelweiss in grösserem Stil kultiviert wird, was die ursprüngliche Biodiversität der Wildpflanze widerspiegelt. Um eine einheitliche Kultur zu erhalten, hat Charly Rey an der Forschungsanstalt Agroscope Changins-Wädenswil in Conthey ein Selektionsprogramm lanciert.

Die Selektion der Sorte «Helvetia»: Zehn Jahre Vorbereitungszeit

Domestikation

Zu Beginn der 1990er Jahre zeigten Schweizer Firmen ein wachsendes Interesse für die landwirtschaftliche Produktion des Edelweiss: zunächst Weleda für die Kosmetik, dann Ricola für die Produktion von Bonbons und schliesslich Alpaflor für die Herstellung von kosmetischen Extrakten. Um der Industrie und den Bergbauern eine einheitliche Sorte mit guten Anbaueigenschaften anbieten zu können, führt die Forschungsanstalt Agroscope Changins-Wädenswil ACW in Conthey seit 1993 ein Selektionsprogramm durch. Es werden Samen aus dem Handel und von natürlichen Populationen aus dem Wallis (Fenêtre de Durand, zwischen Wallis und Valpelline; Moiry, Val d'Anniviers; Cabane des Violettes oberhalb von Montana) verwendet. Das Ziel ist, eine wirkstoffreiche Sorte zu erhalten, die angepasst ist an den biologischen Anbau der Bergbauern auf 1000 bis 1500 Meter Höhe und die typische Morphologie der Wildpflanzen behält. Die erste Phase dieses Programms fand bei der Cabane des Violettes auf 2208 Meter Höhe statt, wo die Pflanzen sehr langsam wuchsen und nur wenig Biomasse produzierten, hauptsächlich aufgrund der sehr dünnen Erdkrume und der kurzen Vegetationsperiode.

Die zweite Phase des Programms begann 1994 auf dem Gelände der ACW in Bruson, Wallis (1100 m), auf einer Höhe, die eher einer der möglichen Regionen für eine landwirtschaftliche Produktion entspricht. Unter diesen Versuchsbedingungen blieb

151

152

151 Die ersten Versuche der Forschungsanstalt Agroscope Changins-Wädenswil ACW, Edelweiss anzupflanzen, fanden bei der Cabane des Violettes (2208 m) oberhalb von Montana im Wallis statt. (Foto: Charly Rey)
152 Die Heterogenität der ersten Edelweisskulturen: Die Grösse, die Kräftigkeit und die Blütezeit sind unterschiedlich. (Foto: Charly Rey)

153

154

153 Zwittriger Blütenstand: Das braune, zentrale Blütenkörbchen (Gruppe kleiner Blüten) ist schon befruchtet. In den fünf äusseren Körbchen werden die Griffel (weibliche Organe) mit gelbem Pollen bedeckt, wenn sie durch den Kranz der Staubgefässe (männliche Organe) wachsen.
154 Weiblicher Blütenstand: Die sichtbaren zweispaltigen Griffel (weibliche Organe) brauchen den Pollen einer anderen Pflanze, damit die Befruchtung stattfinden kann.
155 Beet mit Edelweiss der Sorte «Helvetia» in Bruson, in voller Blüte und reif für die Ernte.

155

die chemische Zusammensetzung der Pflanzen gleich, während die Erträge an Blütenständen extrem variierten. Die Pflanzen, deren Samen aus dem Handel stammten, waren bis zu dreissigmal produktiver als einige Pflanzen aus wilden Samen. Von da an wurde die Notwendigkeit immer grösser, eine typische, regelmässig wachsende und produktive Sorte zu finden, die reich an Wirkstoffen und widerstandsfähig gegen Krankheit sein sollte (Rey und Slacanin, 1999).

Die Firma Alpaflor hat das Programm zur Verbesserung der Sorteneigenschaften finanziell unterstützt. Eine biologische Besonderheit der Edelweissblüten hat die Selektion sehr erleichtert. Denn die Blütenstände des Edelweiss sind im Allgemeinen zwittrig (männlich und weiblich), während sowohl in der Natur als auch im Handel nur einige wenige Pflanzen mit ausschliesslich weiblichen Blütenständen beobachtet wurden. 1999 hat der Agronom Charly Rey rein weibliche Edelweisse isoliert und sie mit Pollen von zwittrigen Blüten befruchtet. Im Jahr 2000 erhielt er 19 Hybridpflanzen, deren chemische Zusammensetzung und Eignung für die Kultivierung über drei Wachstumszyklen untersucht wurden. Im Vergleich zu anderen Pflanzen, deren Samen aus dem Handel oder aus der Natur stammten, brachten die neuen Hybriden einen deutlich höheren Ertrag und zeigten ein regelmässigeres Wachstum. Die beste von ihnen wurde 2003 «Helvetia» getauft, genau zehn Jahre nach dem Beginn des Selektionsprogramms. Diese neue Hybridpflanze zeichnet sich durch hervorragende Keimfähigkeit, gutes landwirtschaftliches Verhalten in mittleren Höhen (1000–1500 m), ein regelmässiges Wachstum, gute Homogenität und zahlreiche Blütenstände aus, die das typische Aussehen der in der Natur vorkommenden Pflanzen wahren. Darüber hinaus ist der Wirkstoffgehalt konstant und sehr hoch, sodass der Industrie ein Pflanzen-

156

157

156 Das erste Edelweissfeld der Sorte «Helvetia» in Reppaz/Orsières in voller Blüte und reif für die Ernte. Die Kultur erfolgt im dritten Jahr der Produktion in zweireihigen Beeten.
157 Die manuelle Ernte der Edelweiss-Blütenstände ist Familienarbeit.
158 Feld mit Edelweisspflanzen, gezogen aus Samen aus dem Handel, Orsières, 2004.
159 Die Edelweissproduktion in dreireihigen Beeten ermöglicht es, die Arbeiten teilweise maschinell zu erledigen und die Produktion zu rationalisieren.

material von hoher Qualität geboten werden kann (Carron et al., 2007). Kurioserweise gibt es bei der Sorte «Helvetia» rein zwittrige oder rein weibliche Pflanzen. Diese spezielle Form der Zweihäusigkeit (Diözie) kann man auch bei den asiatischen Arten *L. discolor, L. palibinianum, L. souliei* usw. beobachten.

Von 2004 an werden die Samen der Sorte «Helvetia» vom Freiburger Saatguthändler DSP (Delley Semences Production) vertrieben, und das erste Edelweissfeld mit «Helvetia» wird 2005 in Orsières (Wallis, Schweiz) angelegt. Diese Sorte wird von da an von allen Landwirten der Genossenschaft Valplantes in Sembrancher produziert, die Kosmetik- und Lebensmittelfirmen beliefert. Seit 2009 werden die Samen von Mediseeds in Conthey vermarktet.

Kommerzieller Anbau

Parallel zu den Arbeiten zur Verbesserung der Sorten legt die Genossenschaft Valplantes bereits ab Mitte der neunziger Jahre mit der technischen Unterstützung der Agronomen des ACW die ersten landwirtschaftlichen Edelweisskulturen an. Die ersten Felder mit Edelweiss, die als Zierpflanzen dienen sollen, werden auf der Höhe der Bergbauernhöfe mit Samen aus dem Handel angelegt. Die Pflege-und Erntearbeiten geschehen manuell in Familienarbeit. Nach dem Erfolg der ersten Pflanzungen in Orsières wird das Edelweiss auch an anderen Orten im Wallis kultiviert, heute auf einer Fläche von rund zwei Hektaren von etwa zwanzig Produzenten der Genossenschaft Valplantes mit ausschliesslich biologischen Anbaumethoden. Im Laufe dieser Jahre hat sich die Landwirtschaftstechnik entwickelt, die einreihigen Pflanzungen wurden durch Kulturen in zwei- oder dreireihigen Beeten ersetzt. Ein Teil der Ent-

158

159

krautungs- und Bodenarbeiten kann jetzt mit Hilfe einer Jätmaschine erledigt werden, die von einem Traktor gezogen wird. Mit der neuen Sorte «Helvetia», die eine homogene Blütezeit hat, wurden Versuche mit maschinellen Ernteverfahren gemacht. Dieses Vorgehen bleibt jedoch schwierig wegen der hohen Qualitätsanforderungen der Industrie. Je nach den Anforderungen der Märkte bietet sie dennoch für einige eine Möglichkeit, die Produktionskosten zu senken. Dank der Dynamik der Landwirte und der hervorragenden Zusammenarbeit in der Produktionskette von der Forschung bis zu den Käufern reichte ein Zeitraum von etwa fünfzehn Jahren, um von der Zierkultur zur landwirtschaftlichen Produktion überzugehen.

In jüngerer Zeit wurde erfolgreich eine erste Edelweisskultur am Peu-Girard bei Les Breuleux (Jura) angelegt.

Kulturkalender

Entgegen der landläufigen Meinung ist es relativ einfach, das Edelweiss «Helvetia» im kleinen Stil zu kultivieren. Seine Samen keimen sehr leicht mit ein bisschen Wärme und Feuchtigkeit. Sie brauchen keine Kälteperiode (oder Vernalisation, um die Samenruhe zu beenden), wie das bei anderen alpinen Arten (Enzian, Frauenmantel usw.) der Fall ist. Im März oder April erfolgt die Aussaat in einer Schale, die unter eine beheizte Schutzplane gestellt wird. Drei oder vier Wochen nach der Keimung werden die Keimlinge in gepresste Pflanzballen oder Pikierschalen mit Anzuchttöpfen pikiert und zwischen Mai und Juni, je nach Höhe, ins Freiland gesetzt. Falls es nur geringe Niederschläge gibt, kann sich wöchentliches Giessen (durch Beregnung) als sinnvoll erweisen. Idealerweise sollte das Edelweiss in sonnigen Parzellen auf 1000 bis 1700

160

161

162

Meter Höhe gepflanzt werden, auf wasserdurchlässigem, neutralem, mässig fruchtbarem Boden, mit einer Pflanzdichte von zirka zehn Pflanzen pro Quadratmeter. Um einen durchschnittlichen jährlichen Ertrag von 2,5 Tonnen Blütenständen pro Hektare zu erreichen, empfehlen Carlen et al. (2006) das Ausbringen der folgenden Düngemittel im Frühjahr: 40 kg/ha Stickstoff (N), 20 kg/ha Phosphor (P_2O_5) und 90 kg/ha Kali (K_2O). Die Felder müssen geharkt werden, um die Konkurrenzierung des jungen Edelweiss durch Unkräuter (unerwünschte Flora) zu verhindern. Die erste Ernte erfolgt im zweiten Jahr, auch wenn einige Blüten schon im ersten Jahr erscheinen können. Nach der Ernte müssen die Blumen rasch in einen Trocken- und Wärmeofen gebracht und bei 35 °C getrocknet werden. Um Schimmel zu vermeiden, werden die Pflanzen in 30 bis 50 Zentimeter hohen Schichten auf Gittern ausgebreitet, durch die Luft geblasen wird. Nach zwei bis drei Tagen werden die Stängel brüchig (wenn der Wassergehalt unter 12 Prozent liegt), und die Trocknung ist beendet. Die getrockneten Blütenstände werden dann in Säcke verpackt bei konstanter Temperatur gelagert, geschützt vor Licht und Gerüchen. Im Gegensatz zu den Steingartenpflanzen, die sich mehrere Jahrzehnte halten, überdauert eine kommerzielle Kultur nur drei bis fünf Jahre. Durch wiederholtes Abschneiden nimmt die Produktivität älterer Pflanzen ab, während die Konkurrenz der kräftigen Unkräuter zunimmt. Laut dem technischen Datenblatt von Agridea ist es ratsam, auf der gleichen Parzelle nicht erneut Edelweiss zu pflanzen (Fruchtwechsel) (Amsler, 2009).

Der Schnittblumenanbau

Seit einigen Jahren vertreiben Pflanzenzüchter Edelweisse in Töpfen für den Direktverkauf. Diese Pflanzen sollen Steingärten oder die Blumenkästen von Berghütten schmücken.

Im Jahr 2007 hat die Forschungsanstalt ACW ein Programm lanciert, das innovative Ansätze für die Schweizer Schnittblumenproduktion (Sigg, 2008) erbringen soll. Um Energie einzusparen, lag der Schwerpunkt dieses Diversifizierungsprogramms auf der Erforschung von Arten, die wenig Wärme benötigen wie Kugeldisteln, Grosse Sterndolde und Edelweiss. Die ersten Versuche mit der Edelweisssorte «Helvetia» bestätigen die Eignung dieser Sorte für Blumensträusse. Dank verschiedener ergän-

160 Eine Edelweisssaat mit Erdballen vor dem Pikieren.
161 Junge Edelweisspflanzen in gepressten Erdballen.
162 Edelweissrosetten sechs Wochen nach der Pflanzung im Feld.

163

164

165

163 Eine Pflanzung von jungen Edelweiss in einem Kokosfaserblock.
164 Drei Wochen nach der Pflanzung. Die schwarzen Schläuche führen den Pflanzen Wasser und Nährlösung zu.
165 Zweieinhalb Monate nach der Pflanzung. Die Blüten sind reif für die Ernte.
166 Vor den Fenstern dieses alten Holzhauses in Zermatt zieren geschnitzte Edelweiss die Blumenkästen, die mit Geranien *(Pelargonium)*, Strauchmargeriten *(Argyranthemum frutescens)* und Edelweiss bepflanzt sind. (Foto: Charly Rey)
167 Edelweiss im Topf als Zierpflanze. (Foto: Charly Rey)
168 Ein leuchtender Strauss aus Edelweiss «Helvetia», Grosser Sterndolde *(Astrantia major)* und Bannater Kugeldisteln *(Echinops bannaticus)*. Diese Alpenblumen behalten ihren Reiz auch, wenn sie im Tiefland kultiviert werden.

166

167

168

zender Anbaumethoden kann man eine Ausdehnung der Erntezeit von April bis November erreichen, indem man zu unterschiedlichen Zeiten pflanzt: Anbau im Freiland, unter kühlen Plastiktunneln, Kultur im Gewächshaus, Kultur auf Substrat, auf Kokosfasern mit vollständigem Recycling der Nährstofflösung.

Die ersten Ergebnisse zeigten, dass das Produktionspotenzial pro Pflanze hoch ist. Bei einer Pflanzdichte von 16 Pflanzen pro Quadratmeter konnten mehr als fünfzig Stängel erster Wahl geerntet werden. Trotz dieser ermutigenden Anfänge ist der Abfallanteil gross, denn mehr als 65 Prozent der Blütenstände können nicht verkauft werden, da sie deformiert sind oder zu dünne Stängel haben für einen guten Halt in der Vase. Die Kosten für die manuelle Ernte und das Sortieren sind daher hoch. Um diese Schwächen zu beseitigen, wurde 2008 ein Selektionsprogramm begonnen, das eine Edelweisssorte hervorbringen soll, die speziell für die Schnittblumenproduktion geeignet ist. Die wichtigsten Kriterien sind dabei feste Stängel, die Bewahrung des typischen Aussehens der Pflanze und eine verlängerte Blütezeit.

169

Schädlinge und Krankheiten

Beim Anbau in der Ebene besiedeln Blattläuse *(Aphis sp.)* oft die Edelweisspflanzen, vor allem, wenn sie geschützt kultiviert werden. Wenn die Blattläuse zu zahlreich werden, nimmt das Wachstum und die Qualität der Pflanzen ab. Im Gewächshaus verursachen weitere Schädlinge Verluste: Die Weisse Fliege *(Trialeurodes vaporianum)*, die Gemeine Spinnmilbe *(Tetranychus urticae)* und der Kalifornische Thrips *(Frankliniella occidentalis)*. Derzeit laufen Versuche, diese Schädlinge biologisch mit Hilfe von Nützlingen (Parasiten des Schädlings) zu bekämpfen. Im Kampf gegen die Blattläuse wurden bisher mit dem Einsatz ihrer natürlichen Feinde wie Schlupfwespen *(Aphidius colemani)* oder Siebenpunkt-Marienkäfern *(Coccinella septempunctata)* vielversprechende Ergebnisse erzielt. Es ist auch möglich, den Thrips durch den Einsatz von Raubmilben *(Amblyseius cucumeris)* zu neutralisieren.

Vermehrung des Edelweiss im Labor

Die *In-vitro*-Kultur (wörtlich «im Glas») des Edelweiss wurde zum ersten Mal am Trinity College in Dublin in Irland realisiert (Hook, 1993), dann in Rumänien (Zăpârţan, 1996). In der Schweiz hat Lê Công-Linh (ACW) 2004 eine *In-vitro*-Kultur mit Elternpflanzen der Sorte «Helvetia» angelegt mit dem Ziel, diese genetische Ressource sorgsam zu erhalten (Lê, 2006). Von da an ermöglichte die *In-vitro*-Kultur die schnelle Vermehrung einer grossen Zahl von Edelweiss «Helvetia» für die kommerzielle Produktion. Für die *In-vitro*-Kultur werden die Samen sterilisiert und in einem adäquaten Milieu bei konstanten 25 °C zum Keimen gebracht. Die jungen Triebe mit je einer Axillarknospe werden dann in Glasröhrchen mit sterilem Kultursubstrat pikiert, dem

169 Vom Duft und der Farbe des Edelweiss werden zahlreiche nützliche Insekten wie die Fliegen angezogen, die es bestäuben, oder die Marienkäfer, die sich von Blattläusen ernähren.
170 Eine junge Edelweisspflanze *in vitro*, verwurzelt und bereit für die Abtrennung von der Mutterpflanze.

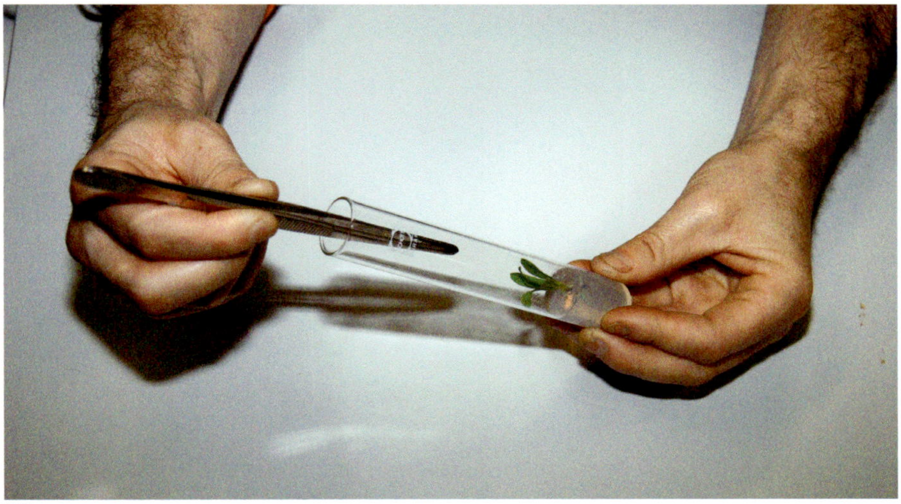

170

spezifische Nährstoffe zugefügt werden. Die Röhrchen werden darauf in die Klimakammer gestellt, wo die Keimlinge wachsen. Die Vervielfältigungsrate liegt bei vier bis fünf neuen Trieben pro Ausgangspflanze und pro Kulturzyklus. Dieses Verfahren ermöglicht eine rasche und identische Reproduktion der Edelweisspflanzen, mit denen man den dringenden Bedarf an Ausgangsmaterial für die Arbeiten zur Sortenverbesserung abdecken kann.

Die Höhe und die Antioxidantien

Es ist allgemein anerkannt, dass Pflanzen in der Höhe, die Stress (durch klimatische Bedingungen, Wassermangel) sowie einer starken ultra-violetten Strahlung (UV) ausgesetzt sind, grosse Mengen an Sekundärmetaboliten produzieren, um sich zu schützen. Beim Edelweiss vermutete man, dass die antioxidativen und Radikale-abfangenden Eigenschaften mit der Höhe zunehmen (Hostettmann, 2000). Um diese Hypothese zu prüfen und die optimale Höhe für den Edelweissanbau zu bestimmen, hat die Forschungsgruppe Médiplant, in Zusammenarbeit mit HES-So Valais und dem Institut für Pharmakognosie der Universität Innsbruck (Schwaiger et al., 2006) in Conthey 2004 eine gross angelegte Studie durchgeführt. Edelweissparzellen im Freiland und in Kulturen auf Nährboden wurden auf 500, 1000, 1500, 2000 und 2500 Meter Höhe über einen Zeitraum von drei Wachstumszyklen beobachtet. Der Ertrag an Biomasse und der Wirkstoffgehalt der verschiedenen Pflanzenorgane wurden analysiert. Entgegen der Erwartung wurden zwischen 500 und 2000 Meter Höhe keinerlei Unterschiede hinsichtlich der Biomasse und der chemischen Zusammensetzung festgestellt. Nur die Pflanzen, die auf 2500 Metern angebaut wurden, zeigten einen leicht

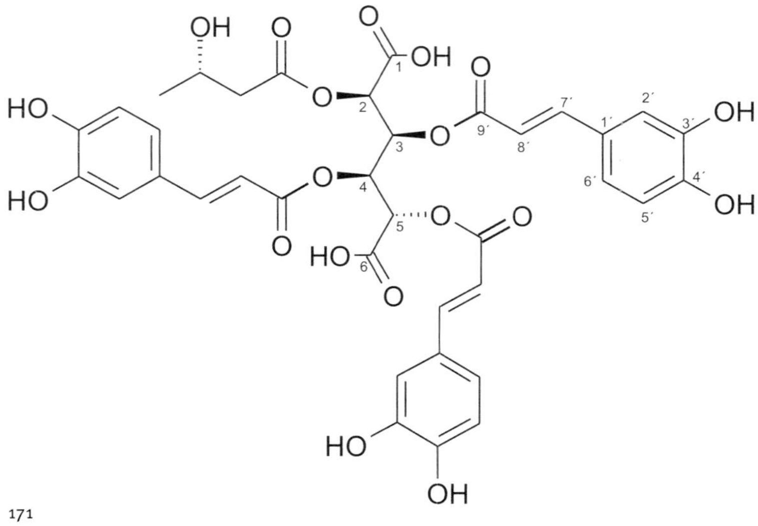

171

erhöhten Gehalt eines der Wirkstoffe, ausschliesslich in den Hochblättern, was aber durch eine deutliche Verminderung der erzeugten Biomasse ausgeglichen wird. Daraus schlossen die Wissenschaftler, dass die optimale Höhe für die Kultur zwischen 1000 und 1500 Metern liegt, weil sie den besten Kompromiss zwischen Quantität und Qualität darstellt.

Pharmazeutische Eigenschaften

Das Edelweiss wird seit dem 19. Jahrhundert in der Volksmedizin gegen Bauchschmerzen, Angina, Bronchitis, Diarrhö und Dysenterie sowohl beim Menschen als auch bei Tieren eingesetzt (Dalla Torre, 1895). Seine Eignung als Heilpflanze resultiert aus den zahlreichen enthaltenen chemischen Wirkstoffen: Phenolsäuren, Lignane, Flavonoide, Sesquiterpene, Cumarine, Derivate von Benzofuran und Benzopyran, Polyethine, Diterpensäuren usw. (Hostettmann, 2000). Insbesondere konnten neue Forschungen die antibakteriellen Eigenschaften des Edelweiss beweisen, die man nutzt, um im Labor zahlreiche Krankheitserreger *(Enterococcus faecium, Escherichia coli, Pseudomonas aeruginosa, Staphylococcus aureus, Streptococcus pneumoniae* und *Streptococcus pyogenes)* wirksam zu bekämpfen (Dobner et al., 2003). Seine entzündungshemmende Wirkung verdankt es mehreren Bestandteilen, vor allem β-Sitosterol, Apigenin-7-glucosid, zwei Sesquiterpenen vom Bisabolan-Typ (Bisabolan A und Bisabolan CD) und einem Lignan (MAB F7) (Dobner et al., 2004; Speroni et al., 2006).

Der Gehalt an Chlorogensäure, die man auch in Apfelkernen findet, verleiht dem Edelweiss seine antioxidativen Eigenschaften. Vor kurzem wurde eine neue Komponente isoliert: die Edelweisssäure, ein Antioxidans, das man bisher nur im Edelweiss gefunden hat und das unter anderem die Eigenschaft hat, die DNA vor oxidativen Schäden zu schützen (Schwaiger et al., 2005). Zusätzlich zu diesen Sekundärstoffen produziert das Edelweiss in seinen behaarten Wurzeln eine kleine Menge essenziellen Öls (rund 0,6 Prozent), das aus mehr als dreissig verschiedenen Molekülen besteht, deren Hauptkomponente Luteolin-4'-O-glucosid ist (Rey und Slacanin, 1999).

Verwendung in der Kosmetik und in Lebensmitteln

Seit einigen Jahren wird das Edelweiss in vielfältiger Weise genutzt. Die Kosmetikindustrie hat sich sehr bald für seine antioxidativen Eigenschaften interessiert. Schon bald wurden Sonnen- und Anti-Aging-Cremes entwickelt. In der Nahrungsmittelindustrie findet das Edelweiss in letzter Zeit in den verschiedensten Produkten Verwendung: in Eistee, Bier, Brot, Halsspray und in einem Likör, der in der Schokoladeproduktion und in einem Walliser Restaurant zum Flambieren von Rindsfilet Verwendung findet.

172

173

171 Die Edelweisssäure, eine chemische Verbindung, die bisher nur im Edelweiss nachgewiesen wurde (aus: Schwaiger et al., 2005).
172/173 Das Laboratorium Alpaflor/Pentapharm ist der Hauptverarbeiter und Vertreiber von Edelweissauszügen, die für die Kosmetikindustrie bestimmt sind.

174

175

176

177

178

174 Ein Tee, der gleich mehrere Symbole der Alpen zeigt: das Edelweiss, Heidi und den Bioanbau.
175 Der Bergkräutertee mit Edelweiss gehört zum Programm Pro Montagna von Coop, das die Bergregionen der Schweiz fördern soll.
176/177 In der Produktpalette der Schweizer Schokoladen wird das Edelweiss als Marketinginstrument genutzt (Toblerone) oder direkt als Likör dem Produkt hinzugefügt (Villars).
178 Leicht irreführend ist, dass dieses Bier, das sich Edelweiss nennt, keinen Extrakt dieser Pflanze enthält.
179/180 Das Edelweiss als Symbol der Reinheit und Frische für Seife (179) und für ein revitalisierendes Getränk (180).
181 Die Kosmetikfirma Weleda war eine der ersten, die sich in den 1990er Jahren für das Edelweiss interessierte und eine Sonnencreme auf der Basis von Auszügen der Pflanze auf den Markt brachte.
182 Der Name Edelweiss wird für eine Frauenzeitschrift in der Schweiz verwendet.

179

180

181

182

Die Entstehung eines Symbols

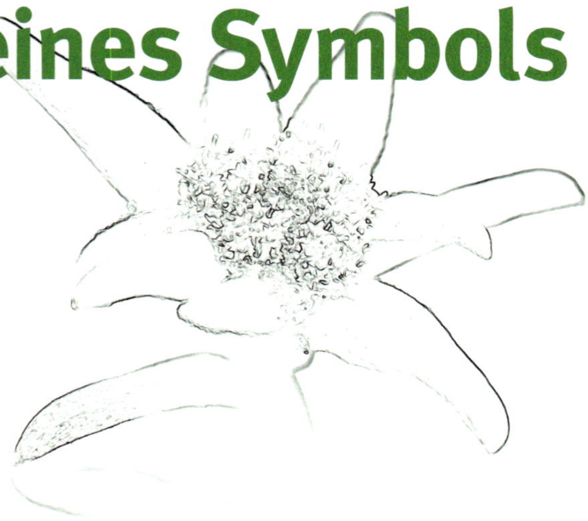

Tobias Scheidegger

Heute ist das Edelweiss die symbolische Pflanze der Alpen schlechthin. Doch das war nicht immer so, wie eine historisch-soziologische Betrachtung des Phänomens zeigt.

Bevor das Edelweiss seinen Namen bekam

Bevor der Name Edelweiss auftauchte, nahmen die ersten landessprachlichen Bezeichnungen für *Leontopodium alpinum* und *L. nivale,* die man in den alten Büchern findet, Bezug auf das Erscheinungsbild und das filzige Aussehen der Pflanze. Im 16. Jahrhundert spricht der Zürcher Naturforscher Conrad Gessner (1516–1565) von «Wollblume» (Gessner, 1541), ein Name, der später seine Entsprechung im französischen Namen «Cotonnière des Alpes» (Baumwolle der Alpen) findet, während der deutsche Arzt und Botaniker Jacobus Theodorus (1625), genannt Tabernaemontanus (1522–1590), vom «kleinen Löwenfuss» spricht, eine wörtliche Übersetzung von *Leontopodium* (aus dem Griechischen *leonto, leo,* Löwe und *podos,* Fuss). Dieser Name, der von der Form und dem pelzigen Aussehen der Pflanze inspiriert ist, findet sich daraufhin in anderen Sprachen wieder («Pied-de-lion» oder «Patte-de-lion» auf Französisch, «Piè di leone» auf Italienisch, «Lion's foot» oder «Lion's paw» auf Englisch usw.). Der Name «Katzendälpli» ist eine mundartliche Abwandlung derselben Bedeutung. Er wurde zum ersten Mal von Carl Jakob Durheim (1856) gebraucht, und man findet ihn oder auch «Katzenpfötchen» heute noch manchmal im Berner Oberland und in Vorarlberg.

Die Blütenform hat auch die Namen Gletscherstern, Silberstern oder Alpenstern inspiriert, Namen, die sich wörtlich im italienischen «Stella alpina», im französischen «Etoile du Glacier, Etoile d'Argent» oder «Etoile des Alpes», im albanischen «Yll alpin» oder im bulgarischen «Balkanska zvezda» (Балканска звезда) wiederfinden. Die Fähigkeit der Pflanze, ihre Form und ihre Farbe nach dem Trocknen zu bewahren, brachten ihr auch die Bezeichnung «Immortelle des Alpes» ein, der in den französischen Pyrenäen gebraucht wird, und in Graubünden, wo «Alv etèrn» auf Rätoromanisch «ewiges Weiss» bedeutet. In den verschiedenen Epochen und Regionen bekam die Pflanze zahlreiche weitere Namen, so auf Deutsch («Bauchwehblümle», «Ewig-

183

183 «Löwenfuss» im Werk des Jacobus Theodorus (1625), genannt Tabernaemontanus.

weiss», «Federweiss», «Hahnenfüsschen», «Irlweiss», «Löwentrapp» usw.), auf Englisch («Swiss cudweed»), auf Italienisch («Fiore di Rocca») oder auf Slowenisch («Planika» oder «Očnica»), auf Slowakisch («Plesnivec alpínsky»), auf Polnisch («Szarotka alpejska») und sogar auf Ukrainisch («Bilotka alpijska» oder Білотка альпійська).

Edelweiss: Eine Tiroler Bezeichnung – in der ganzen Welt berühmt

Im Laufe des 19. Jahrhunderts wurden praktisch in fast allen Sprachen die verschiedenen landessprachlichen Bezeichnungen durch den Namen «Edelweiss» ersetzt. Zum ersten Mal taucht der Name in der Schriftsprache in einer Naturstudie im Zillertal (Tirol) auf (Franz von Paula Schrank und Ehrenbert Ritter von Moll, 1785). Dieses Werk berichtet von einem Gespräch zwischen dem Naturforscher Karl von Moll und einem Bauern aus dem Zillertal, der ihm erzählte, dass die Pflanze als Weihrauch genutzt werde, da der Rauch die Geister vertreibe, die das Vieh attackierten und Entzündungen der Zitzen hervorriefen. In der Schweiz findet sich dieser Tiroler Name um die 1860er Jahre wieder. Die österreichische Bezeichnung Edelweiss wird heute in unzähligen Sprachen benützt, so etwa auch in Französisch, Englisch, Spanisch, Portugiesisch, Schwedisch, Bulgarisch (Еделвайс oder Edelvajs) und selbst im Japanischen (エーデルワイス oder Ederuwaisu, ein Name, der auch für die asiatischen Arten der Gattung *Leontopodium* benutzt wird). Keine andere Blume ist sprachlich so Europa-kompatibel und weltweit so anerkannt.

Moderne romantische Fantasien und das Goldene Zeitalter des Alpinismus

Im kollektiven Unterbewusstsein scheint der Mythos des Edelweiss als Wahrzeichen der Alpen zu den alten Traditionen zu gehören. Doch gab es den Kult um diese Pflanze vor dem 19. Jahrhundert noch nicht. Legenden wurden frei erfunden, um angeblich alten Bräuchen Stoff zu geben. Die am meisten zitierte ist zweifellos die eines jungen Mannes, der unter Einsatz seines Lebens eine steile Wand erklimmt, um ein Edelweiss zu pflücken, das er dann als Verlobungsgeschenk seiner Angebeteten schenkt. Diese Legende wird von mehreren Autoren des 19. und 20. Jahrhunderts im gesamten Alpenbogen erzählt, sogar bis in die französischen Pyrenäen. Die Darstellung von tödlicher Gefahr, Mut und Treue, verbunden mit Gefühlen der Liebe, sind typisch für die Wurzeln der modernen alpinistischen Kultur. Tatsächlich wird gegen Mitte des 19. Jahrhunderts diese ihrer Natur nach alpine Sportart ein Modesport und findet immer mehr Anhänger, vor allem in den wohlhabenden Schichten der englischen Gesellschaft. So wird 1857 in London der Alpine Club gegründet.

Die Idee, Gipfel zu erklimmen und dabei seine Männlichkeit und seinen Wagemut unter Beweis zu stellen, entsprach voll und ganz den Ideologien dieser Londoner Elite. So zeigt der Städter mit einem Edelweiss am Hut, dass er sich mit heldenhaftem Mut den Gipfeln gestellt hat. Zu dieser Zeit wurden die ersten Alpenvereine in Österreich (1862), Italien (1863), in der Schweiz (1863), in Deutschland (1869) und in Frankreich (1874) gegründet. Die Deutschen und die Österreicher wählten das Edelweiss als Vereinsemblem. Das Klettern ist Erziehung zum Mut und das Edelweiss dessen Symbol.

Der Mythos der Rarität

Nachdem es zum Symbol geworden war, wurde das Edelweiss in Gedichten und Erzählungen als eine Rarität beschrieben, die nur an extrem steilen Wänden wächst, am Rande des ewigen Schnees, ja sogar mit den Wurzeln im Eis. Diese Vorstellung einer unerreichbaren Pflanze beeinflusst heute noch die Wahrnehmung des Edelweiss und trägt zu seiner Popularität bei, obwohl in der Realität zahlreiche alpine Arten sehr viel seltener sind. Das romantische Bild dieser Pflanze wurde noch gesteigert durch oft erfundene oder übertriebene Erzählungen von tragischen Unfällen, die sich beim heldenhaften Pflücken unserer Pflanze ereigneten.

Der Alpentourismus und das Edelweiss

In den 1850er Jahren rücken mit dem Bau von Eisenbahnlinien zwischen den grossen europäischen Städten und den Alpentälern Paris, Berlin und London näher an die Alpen. Der neu aufkommende Alpintourismus, der zunächst einer kleinen Elite vorbehalten war und dessen Blütezeit um die Jahre 1870 bis 1900 lag, fördert den Bau von

184 Postkarte vom Ende des 19. Jahrhunderts mit dem Logo des Schweizer Alpen-Clubs (SAC). (Quelle: Sammlung D. Kleiner)
185 Die Legende des mutigen Liebhabers, der sein Leben riskiert, um seiner Angebeteten ein Edelweiss zu schenken, wurde reichlich ausgeschlachtet. (Quelle: Archiv Münchner Stadtmuseum)
186/187 Die Embleme des Österreichischen und des Deutschen Alpenvereins.

184

185

186

DAV
Deutscher Alpenverein
187

Adelboden
Oberland bernois
Station climatérique
alpine de 1er ordre
Altitude 1400 m.
Saison d'été et d'hiver

188

Gratis
FRANÇAIS
Saison Avril-Octobre
PARC-HOTEL — PENSION OBER
VILLA SYLYANA
Avec les meilleurs compliments
INTERLAKEN
et ses environs

189

190

191

188–190 Werbeplakate für die Ferienorte Adelboden, Interlaken und Wengen. (Quelle: Sammlung D. Kleiner)
191 Werbeplakat für den Alpengarten der Stadt Luzern. (Quelle: Sammlung D. Kleiner)

Edelweiss
Erzählungen für Jung u. Alt.
Das Kind
des Komödianten
von Marie Schweikher.
Nr. 10

192

193

194

luxuriösen Grandhotels und Hotelpalästen. Nach der Einführung des bezahlten Urlaubs, trägt ab den 1880er Jahren die Ankunft von Touristen aus der gehobenen Mittelschicht sehr zum Wohlstand und der Entwicklung bestimmter Alpenregionen bei. In dieser Zeit entsteht als grosse Neuheit das Entwerfen und Drucken von «touristischen» Plakaten. Bis dahin wurden die Anschläge nämlich ausschliesslich für Zugfahrpläne genützt, nun werden sie zu einem wichtigen Werbeträger, bei dem das Edelweiss eine herausragende Rolle spielt. Zur gleichen Zeit erleben Postkarten eine Blüte, und das Edelweiss wird auch hier ein äusserst beliebtes Motiv.

Diese wachsende Popularität und die allgemeine Verbreitung dieser vornehmen und symbolischen Pflanze missfiel den Alpinisten der ersten Stunde. Zur Jahrhundertwende des 20. Jahrhunderts griff die Mittelklasse, die sich bis dahin hauptsächlich auf einfache Wanderungen beschränkt hatte, die elitäre Bastion an, die der Alpinismus und das Klettern bis dahin gewesen waren. Die sich ausbreitende neue Leidenschaft wurde als Provokation der bourgeoisen Bergsteiger-Elite wahrgenommen. Und diese Entwicklung setzte sich fort im Verlust ihres zumindest nach ihrer Auffassung ihnen allein vorbehaltenen, exklusiven Symbols: des Edelweiss.

192 Werbeplakat für ein Märchenbuch für Jung und Alt.
193/194 Postkarten vom Ende des 19. Jahrhunderts. (Quelle: Museum Appenzell)

195

196

Unsterbliche Blumen als Souvenirs

Am Rande dieses Aufschwungs des Bergtourismus versuchten die Bewohner der Alpenregionen ihr mageres Einkommen aufzubessern, indem sie Souvenirs an die Touristen verkauften. Da das Edelweiss seine Form und seine makellose Farbe beim Trocknen behält, kann es jahrelang die Erinnerung an einen Aufenthalt in den Bergen wachhalten. Das Edelweiss wurde oft zusammen mit dem Enzian und der Alpenrose gezeigt und vermarktet, in Form von getrockneten Blumen oder als künstlerische und bildliche Darstellung. Es diente und dient als Zierde, gemalt, gestickt, auf Glas, Holz und anderen modernen Materialien. Im Laufe des 19. Jahrhunderts und im 20. Jahrhundert wird dieser Souvenirverkauf immer aufdringlicher – oft zum Ärger einiger Touristen.

Mit der Entwicklung des Tourismus setzt sich dieses typische Bild der Berge in den Köpfen der Menschen im Flachland fest. Es war nur noch eine Frage der Zeit, bis die Blume auch benutzt wird, um Produkte ohne direkten Bezug zu den Bergen zu repräsentieren. So wie die Armbrust oder das Schweizerkreuz steht das Edelweiss als Garant für die typisch schweizerische Qualität, für Seriosität, Werthaltigkeit oder Reinheit.

197

198

199

200

195/196 Mit Edelweiss und anderen getrockneten Pflanzen verzierte Glückwunschkarte, um 1900. (Quelle: Museum Appenzell)
197/198 Gestern wie heute gibt es keinen Touristenort, wo man nicht mindestens ein Hotel oder ein Chalet mit dem Namen «Edelweiss» findet, nicht einmal in Argentinien. (Quellen: Archiv Museum Schweizer Hotellerie und Tourismus; Hotel Edelweiss in San Carlos de Bariloche in Patagonien)
199 Die Organisation Schweiz Tourismus benutzt als ihr Emblem ein goldenes Edelweiss in Verbindung mit der Schweizer Nationalfahne.
200 Die Rahmlöffel, die Ende des 17. Jahrhunderts in Gruyère (Kanton Freiburg) aus Holz geschnitzt wurden, sind heute zu einem sehr beliebten Souvenir geworden. Seit dem 19. Jahrhundert taucht das Edelweiss als Schnitzmotiv auf; das macht die wachsende Attraktivität dieser Blume deutlich, die durch den Alpinismus und den Tourismus ein Weltstar geworden ist. (Quelle: Musée gruérien, Bulle)

201

Von der Legende zur Realität

Das Edelweiss ist ein frappierendes Beispiel für die rasche Einführung eines neuen Elements in die Bräuche und lokalen Traditionen. Angeregt durch die Legenden des 19. Jahrhunderts, entstehen im Laufe des 20. Jahrhunderts mehrere «Neo-Traditionen» um das Edelweiss. In den zwanziger Jahren trugen die Schäfer bereits Edelweiss und schwarze Kohlröschen als Schmuck auf ihren Hüten beim St. Martinsfest im Calfeisental oberhalb von Vättis (Kanton St. Gallen). In Bielle im Vallée d'Ossau (französische Pyrenäen) ist das Pflücken von Edelweiss ein nicht mehr wegzudenkendes Sommerfest geworden, zu dem jedes Jahr um den 15. August junge Männer in den umliegenden Bergen mehrere tausend Edelweiss pflücken. Dann ziehen sie mit Musik durch die Dorfstrassen und klopfen an die Haustüren, um Geld zu bekommen, für das sie den edlen Spendern mit einer Edelweissblume danken. Diese wird dann beim Dorffest an der Kleidung getragen. Diese Blumen werden im Herzen des Pyrenäen-Nationalparks gepflückt, wo jegliches Pflücken von Pflanzen verboten ist, aber die Behörden schliessen die Augen bei diesem Fest, das im Laufe des 19. Jahrhunderts entstand und bis heute gefeiert wird (Albert-Llorca und Taréry, 2008).

Bedrohung und Schutz des Edelweiss

Die Begeisterung für das Edelweiss ab dem Ende des 19. Jahrhundert brachte es schliesslich in Gefahr. Immer mehr Touristen und Alpinisten wollten diese Trophäe ins Flachland mitnehmen. In den Urlaubsorten wurden Edelweisswiesen ausgeschildert und für unbegrenztes Pflücken freigegeben. Auch in der Stadt war die Nachfrage gross, da die Händler schnell Grusskarten mit aufgeklebten getrockneten Blumen in den Handel brachten. Es gab eine regelrechte «Edelweiss-Industrie», man pflückte

PREISLISTE

über

Edelweiss

und

Edelweiss-Sträusschen

vom

Ersten Schweizer Edelweiss-Versandhaus

CARL GRAF

„Zum Edelweiss"

LUZERN

50 Hertensteinstr. 50 Hertensteinstr. 50

Diese Preisliste annuliert die frühern

Preise per 100 Stück.

Edelweiss zum Einzelverkauf.

a) **Kleine Sterne.**

IIa Fr. —.50 Ia Fr. —.75

b) **Mittelgrosse Sterne.**

IIa Fr. 1.— Ia Fr. 1.50

c) **Grosse Sterne.**

IIa Fr. 2.— Ia Fr. 3.—

d) **Extra grosse Sterne.**

Gemischt Fr. 7.50

Die letztern sind ohne Verbindlichkeit der jederzeitigen Lieferung.

Bei Abnahme von 500 Einzel-Edelweiss einer Sorte bewillige 10 % und bei 1000 Stück 20 % Rabatt. Bei grösseren Quanten Preise nach Vereinbarung.

Preise per 100 Stück.

Edelweiss-Sträusschen.

a) **Mit kleinen Sternen.**

	IIa	Ia
Mit 6 Edelweiss . . .	Fr. 7.—	Fr. 10.—
„ 7 „	„ 8.-	„ 11.50

b) **Mit mittelgrossen Sternen.**

	IIa	Ia
Mit 4 Edelweiss . . .	Fr. 7.—	Fr. 10.—
„ 6 „ . . .	Fr. 10.—	Fr. 14.—
„ 7 „ . . .	Fr. 11.50	Fr. 16.—

c) **Mit grossen Sternen.**

	IIa	Ia
Mit 4 Edelweiss . . .	Fr. 12.—	Fr. 16.—
„ 6 „ . . .	Fr. 17.—	Fr. 23.—
„ 7 „ . . .	Fr. 19.50	Fr. 26.50

Doppelkarten mit Edelweiss-Sträusschen

mit deutscher oder französischer Adresse. (ges. geschützt.)

a) Zum Selbsteinkleben einer beliebigen Ansichtskarte auf eine mit gummiertem Rand versehenen Innenseite.

Mit IIa Sträusschen. Fr. 17.— Mit Ia Sträusschen. Fr. 20.—

b) Mit 2 rückseitig zusammengeklebten Ansichtskarten, welche in diesem Falle dazu zu gegeben sind.

Mit IIa Sträusschen. Fr. 19.— Mit Ia Sträusschen. Fr. 22.—

Zur gefl. Notiz!

Bei meinen Sträusschen sind die Edelweiss nicht angedrahtet, sondern aufgeleimt und symmetrisch gestellt, was denselben Stabilität und elegantes Aussehen verleiht. Schön gemacht, sind dieselben ein besonders von Fremden gern gekaufter Artikel, woran mehr als 100 % Gewinn zu erzielen ist.

Conditionen.

Bei Bestellungen von Sträusschen verstehen sich die Preise bei Beträgen von unter 20 Fr. netto per Casse. Bei solchen von 20 Fr. an mit 2 %, von 50 Fr. an mit 5 % und von 100 Fr. an mit 10 % Rabatt, sowie 30 Tage Ziel. Bei grösseren Aufträgen nach besonderer Vereinbarung. Porto und Verpackung zu Lasten des Empfängers.

Beträge über Bestellungen, welche „per Casse" vereinbart wurden, werden, wenn nicht innert 8 Tagen, und solche, wofür „30 Tage Ziel gewährt wurde, wenn nicht in dieser Zeit eingesandt, nach Verfall ohne weiteres Avis nebst Porto eingezogen.

Bezeichnungs-Erklärung:

IIa bedeutet: Secunda Qualität.

Ia bedeutet: Prima-Qualität.

Bei Ia garantiere für weisse zackenreiche Sterne.

Lieferungsfrist

für grössere Bestellungen ist, wenn nicht anders vereinbart, 1 Monat nach Bestellungsaufgabe. Für kleinere Bestellungen 8 Tage. Bestellungen unter 10 Fr. können nicht ausgeführt werden.

202

201 Verbreitetes Edelweisspflücken während der Festtage in Bielle in den Pyrenäen.
202 Preisliste für Edelweiss beim Verkauf in Luzern 1910. (Quelle: Burgerbibliothek Bern)

203

203 Opportunistische Werbung der Marke Leica, die Bezug nimmt auf den Schutz des Edelweiss: «Pflücken verboten, aber fotografieren mit Leica erlaubt.»

204 Erstes offizielles Verbot, Edelweiss zu pflücken, 1878 im Kanton Obwalden (Schweiz) erlassen. (Quelle: Staatsarchiv Kanton Obwalden)

205 Im Jahr 1900 gründen der Deutsche und der Österreichische Alpenverein eine Vereinigung zum Schutz alpiner Pflanzen.

206 1920 wacht die Bayerische Bergwacht besonders über das Edelweiss, dessen Symbolwert sie nutzt.

und erntete en gros (Kronfeld, 1910). Um dieser grossen Nachfrage zu entsprechen, wurden Tausende von Pflanzen ausgegraben und an die öffentlichen und privaten Gärten der europäischen Metropolen verschickt. Sehr schnell drohte die Verknappung, dann die Ausrottung der Pflanze. Es waren durchgreifende Massnahmen nötig, um sie zu schützen und zu bewahren. Ihre glühendsten Verteidiger fanden sich unter den Alpinisten. Bei den Generalversammlungen des Deutschen und des Österreichischen Alpenvereins 1874 wird ein Pflückverbot ausgesprochen (Zeitschrift d. dt. Alpen-

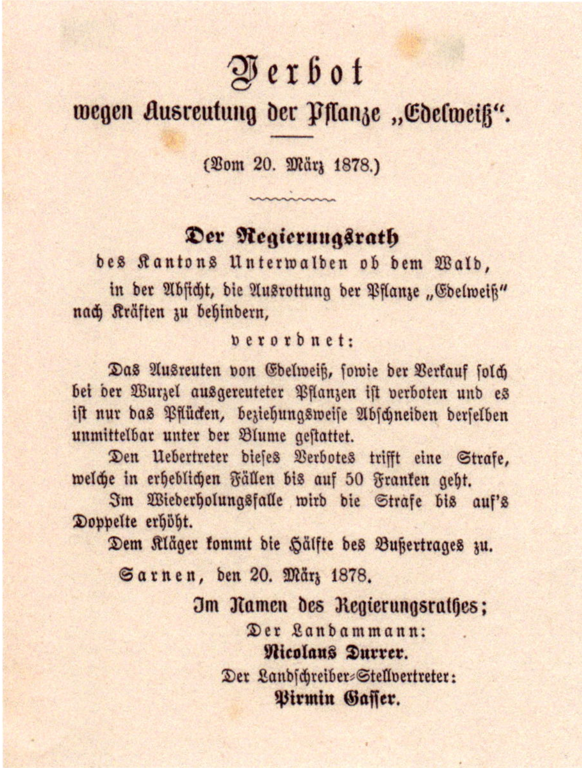

Verbot
wegen Ausreutung der Pflanze „Edelweiß".

(Vom 20. März 1878.)

Der Regierungsrath
des Kantons Unterwalden ob dem Wald,
in der Absicht, die Ausrottung der Pflanze „Edelweiß" nach Kräften zu behindern,

verordnet:

Das Ausreuten von Edelweiß, sowie der Verkauf solch bei der Wurzel ausgereuteter Pflanzen ist verboten und es ist nur das Pflücken, beziehungsweise Abschneiden derselben unmittelbar unter der Blume gestattet.

Den Uebertreter dieses Verbotes trifft eine Strafe, welche in erheblichen Fällen bis auf 50 Franken geht.

Im Wiederholungsfalle wird die Strafe bis auf's Doppelte erhöht.

Dem Kläger kommt die Hälfte des Bußertrages zu.

Sarnen, den 20. März 1878.

Im Namen des Regierungsrathes;
Der Landammann:
Nicolaus Durrer.
Der Landschreiber-Stellvertreter:
Pirmin Gasser.

204

205

206

vereins, 1874). In der Schweiz ordnet der Kanton Obwalden 1878 ein Verbot an, die Pflanze auszugraben, mit dem Ziel, nicht die Pflanze zu schützen, sondern die kleinen Edelweissverkäufer; das «normale» Pflücken bleibt erlaubt. Andere Kantone und Alpenländer folgen dem Beispiel einige Jahre später, wie die Gründung der *Association pour la Protection des Plantes* (Vereinigung zum Schutz der Pflanzen) 1883 in Genf durch Mitglieder des Schweizer Alpenclubs zeigt. Einer von ihnen ist der Gartenarchitekt Henry Correvon, der Kampagnen mit Plakaten in mehreren Sprachen initiierte, die an touristischen Orten aufgehängt wurden, um auf die prekäre Situation der damals noch bedrohten Pflanze aufmerksam zu machen.

Die Nachbarländer der Schweiz unternahmen ebenfalls Anstrengungen, um die Alpenblume zu schützen: Die deutschen und österreichischen Mitglieder der Alpenvereine gründen im Jahr 1900 den *Verein zum Schutz der Alpenpflanzen*. 1920 wurde dann die *Bergwacht* gegründet, die vor Ort arbeitete (Frey, 1941). Der Umgangston wurde härter, man begann von «Schuldigen» zu sprechen und suchte «Pflanzendiebe».

Als Folge dieser damals sehr leidenschaftlich geführten Debatte wird die Blume von der Allgemeinheit heute noch als bedroht angesehen. Doch in der Schweiz steht das Edelweiss nicht auf der nationalen Roten Liste und ist auf Bundesebene nicht geschützt. Allerdings gibt es kantonale Schutzbestimmungen (siehe auch Seite 48). Die Wahrnehmung des Edelweiss als gefährdete Pflanze entsprach dem Kult der Rarität, der im Alpenraum sehr gepflegt wurde.

207 Kaiserin Sissi wurde von Franz Xaver Winterhalter mit Edelweiss als Schmuck in ihren langen Haaren unsterblich gemacht. (Quelle: Kunsthistorisches Museum Wien)
208/209 Das Edelweiss wird in Tirol als einendes, patriotisches Wahrzeichen genutzt.

207

Nationalismus, Militarismus und Widerstand

In der zweiten Hälfte des 19. Jahrhunderts wird das Edelweiss offizielles nationales Wahrzeichen mehrerer Alpenländer, zum Beispiel der Schweiz, Österreichs und Deutschlands. Europas Aristokratie vernarrt sich in diese edle Blume, die zum Favoriten der Kaiser und Könige wird. Wie einige Bilder zeigen, hatten auch Kaiser Franz Joseph von Österreich und seine Frau Elisabeth, Kaiserin Sissi, eine Vorliebe für das Edelweiss, ebenso wie König Ludwig II. von Bayern, der eine Leidenschaft für diese mystische Blume hegte.

Eine asiatische Pflanze als patriotisches Wahrzeichen?

Die Verwendung einer Pflanze, die ihre weit entfernt liegenden Ursprünge in den asiatischen Steppen hat, als nationales Wahrzeichen war nicht nach jedermanns Geschmack, vor allem in der Schweiz, wo diese Glorifizierung des Edelweiss zunächst abgelehnt wurde (Christ und Burnat, 1881). Für einige Patrioten war diese von deutschen Touristen eingeführte neue Mode durch keinerlei Tradition gerechtfertigt. Dennoch findet man das Edelweiss seit Beginn des 20. Jahrhunderts auf den Schulterklappen der höchsten Dienstgrade der Schweizer Armee und seit 1922 auch auf der Schweizer 5-Franken-Münze. In den anderen Alpenländern wird das Edelweiss zwischen den beiden Weltkriegen ebenfalls zu einem ideologischen Symbol des Patriotismus, vor allem in konservativen und reaktionären Gruppierungen. In Deutschland heiligen zahlreiche Propagandaschriften das Edelweiss als Lieblingsblume Adolf Hitlers. Die Wehrmacht gründet 1935 eine alpine Einheit, die die Pflanze als Dekor auf ihren Uniformen trägt. Diese Gebirgsdivision war – mit oder ohne Blumendekor – alles andere als unschuldig: Sie war verantwortlich für zahlreiche Kriegsverbrechen in Griechenland und auf dem Balkan (Meyer, 2007).

208

209

210

211

212

Gegen Ende des Krieges wird das Edelweiss dagegen das Symbol des deutschen Widerstandes gegen den Nationalsozialismus: Im Ruhrgebiet vereinigen sich mehrere Jugendbewegungen unter dem Namen *Edelweisspiraten*, die vorwiegend von jungen Arbeitern getragen wurden, die die nationalsozialistischen Massenorganisationen verlassen hatten und dem Regime offen Widerstand leisteten. Diese Piraten pflegten ihre eigene kulturelle Identität mit Liedern und leicht erkennbarer Kleidung, auf der natürlich ein Edelweiss zu sehen war (Peukert, 1980).

Textile Blumen: Das Edelweiss in der Schweizer Tracht

Bis zum Ende des 19. Jahrhunderts zeigen die Schweizer Trachten kein Edelweiss in ihren Zierstickereien. Ab 1890 erscheint dieses neue Symbol der Alpen auf den Trachten der städtischen Gesellschaft, vor allem auf den Männertrachten, für die es bis dahin keine überlieferte Tradition gegeben hatte. Dieses plötzliche und zahlreiche Auftauchen gestickter Edelweisse auf den Männertrachten kann man zum Beispiel in den Kantonen Uri, Obwalden und Unterwalden, dann auch in Appenzell und in Greyerz beobachten.

213

214

215

216

210 Seit 1922 zieren Edelweiss die Schweizer 5-Franken-Münze.
211 Die Abzeichen der höchsten Dienstgrade in der Schweizer Armee sind mit einer bestimmten Anzahl von Edelweiss verziert: Brigadier (1), Divisionär (2), Korpskommandant (3) und General (4).
212 Als Lieblingsblume Hitlers wird das Edelweiss zum Nazisymbol.
213/214 Die alten Trachten zeigten bis zum Ende des 19. Jahrhunderts kein Edelweiss. (Quelle: Museum Appenzell)
215/216 Das Edelweiss taucht Anfang des 20. Jahrhunderts auf den Trachten auf, vor allem auf Männertrachten in den Kantonen der Zentralschweiz sowie in Greyerz und in Appenzell. (Quellen: Musée gruérien de Bulle; Fotografie von Louise Witzig, Lac Noir 1949. Freundlicherweise zur Verfügung gestellt von der Schweizerischen Trachtenvereinigung, Bubikon)

217

Das Edelweiss, ein neuer Ethnotrend

Bis zu den 1990er Jahren hatte das Edelweiss ein etwas altmodisches und folkloristisches Image, doch dann entwickelte sich ein neuer Ethnotrend, unter anderem auch dank des Uhrmachers Michel Jordi, der das Image dieser Blume 1989 mit der Kreation der «Swiss Ethno», einer mit Schweizer Symbolen (Kuh, Käse, Schweizerkreuz und natürlich Edelweiss) geschmückten Armbanduhr auffrischt. Dieser neue Trend, der die städtische Jugend in ihrer Swissness-Begeisterung anspricht, findet rasch Nachahmer, und das Edelweiss ist von da an «angesagt». Es begeistert auch die asiatischen Touristen. Zwar ist der Ethnoboom Ende der 1990er Jahre etwas abgeflaut, doch das Image des Edelweiss hat sich seither verändert und die Werbekampagnen konnten ein neues Publikum ins Visier nehmen.

217 Das Edelweiss ist seit den 1990er Jahren ein sehr trendiges Motiv für Bekleidung, und heute präsentiert man ohne Hemmungen Personen, wie hier Michelle Hunziker, in mit Edelweiss verzierten Hemden für eine landwirtschaftliche Werbekampagne.
218–220 Das Edelweiss ist ein «Ethnosymbol» geworden, das heute gerne auf seltsame Art abgewandelt wird.

218

219

220

221

Blumige Worte: Märchen, Legenden und Romanzen

Die Ursprünge der Märchen aus der Bergwelt reichen weit in die Vergangenheit zurück. Doch da das Edelweiss erst im 19. Jahrhundert an Popularität gewann, findet man es vorher in keiner schriftlich überlieferten Erzählung. In neueren schriftstellerischen Arbeiten nimmt es dagegen oft eine zentrale Rolle ein. Die bekannte Legende der Weissen Frau, die in ganz Europa in unterschiedlicher Erscheinungsform (Fee, Hexe, Wäscherin) existiert und meist den Tod ankündigt, wurde abgeändert, um den Ursprung des Edelweiss in den Alpen zu erklären:

«Über dem ewigen Eis lebte einst eine entthronte Weisse Frau, die ehemalige Schneekönigin, umgeben von Zwergen, die Lanzen aus Kristall trugen. Wenn ein unvorsichtiger Jäger oder Bergsteiger es wagte, bis zum Versteck der Weissen Frau hinaufzuklettern, ermutigte sie ihn mit ihrem Blick und einem Lächeln. Schon steht er in ihrem Bann. Er vergisst die Gefahr, steigt immer höher. Er sieht nur noch das entzückende Gesicht der Schneekönigin. Die Zwerge greifen ihn an. Sie stürzen ihn in die Schlucht. Da beginnt die Weisse Frau zu weinen. Ihre Tränen fallen auf

221 Das unbesiegte Edelweiss, Zürich 1959.
222/223 Auch moderne Fotoromane nutzen das romantische Image des Edelweiss. (Heimat-Roman, 2008)

222

223

die Gletscher, fliessen hinab auf die Felsen, wo sie sich in Edelweisse verwandeln.» (Chavoutier, 2005)

Der Comic *Astérix bei den Schweizern,* der 1970 erschien, hat einen starken Eindruck hinterlassen mit dem Bild des furchtlosen Asterix, der einen verschneiten Berg erklimmt, um das unerreichbare Edelweiss zu pflücken, einziges Gegengift für den vergifteten römischen Steuereintreiber.

Star der Alpen: Die Film- und Musikkarriere des Edelweiss

Die musikalische Karriere des Edelweiss beginnt mit seinem grösseren Bekanntheitsgrad im 19. Jahrhundert in Heimatliedern, die vor allem auf den Bürgerfesten gesungen wurden und vom harten, aber glücklichen Leben der Bergbauern handelten. Im 20. Jahrhundert erreicht die Musik mit den ersten Tonaufnahmen und dann in den 1920er Jahren durch das Radio ein immer grösseres Publikum. Das Edelweiss wird jetzt in den unterschiedlichen Sparten musikalisch verwendet, vom Militärmarsch bis zur volkstümlichen Musik, dabei steht es aber weiterhin für die klassischen Themen Liebe, Natur, Heimat und Gott. Doch auch in der Propaganda des Zweiten Weltkriegs kann man die Rückkehr des Edelweiss in den patriotischen Liedern beobachten. Nach dem Krieg findet das Edelweiss seinen Platz in der Volksmusik wieder, und zahlreiche Musikgruppen benennen sich nach ihm. In neuerer Zeit wurde das Edelweiss sehr häufig als dekoratives und musikalisches Motiv in der berühmten Volksmusiksendung Musikantenstadl verwendet. Und noch aktueller wird der Mythos des Edelweiss in die moderne Musik integriert, nicht ohne hintergründigen Humor, wie

224

224 Das Lied vom Edelweiss wurde 1959 von Richard Rogers zum Text von Oscar Hammerstein jr. für die berühmte Musikkomödie «The Sound of Music» komponiert, deren Verfilmung mit Julie Andrews in der Hauptrolle in die Geschichte eingegangen ist.

225 Logo des Verbands Schweizer Volksmusik.

225

das Beispiel der österreichischen Band «Edelweiss» zeigt, die Disco-, Rap- und Volksmusik zu einem Remake des Liedes «SOS» von ABBA mischt.

Der Heimatfilm war in den 1950er und 1960er Jahren in Deutschland und Österreich sehr beliebt. Das Edelweiss war darin ein bevorzugtes Motiv, wie beispielsweise in dem österreichischen Heimatfilm «Almenrausch und Edelweiss», der 1958 Premiere hatte und dessen Handlung sich rund um das Hotel Edelweiss abspielt.

Dieser harmlos erscheinende Marsch wurde von den Nazis als Propagandainstrument genutzt und gehört zu den sogenannten Naziliedern.

Es war ein Edelweiss
Herms Niel, um 1939

Ganz einsam und verlassen
An einer Felsenwand,
Stolz unter blauem Himmel
Ein kleines Blümlein stand.
Ich konnt' nicht widerstehen,
Ich brach das Blümelein,
Und schenkte es dem schönsten,
Herzliebsten Mägdelein.

Refrain:
Es war ein Edelweiss,
Ein kleines Edelweiss,
Holla-hidi hollala,
Hollahi diho.

Sie trägt es treu in Ehren
An ihrem Sonntagskleid.
Sie weiss, dass dieses Sternlein
Ein Männerherz erfreut.
Sie trägt es mir zuliebe,
Und ich bin stolz darauf,
Denn diese zarte Blume
Schloss einst zwei Herzen auf.
So einsam und verlassen,
Wie dieses Blümlein stand,
So standen wir im Leben,
Bis Herz zu Herz sich fand.
Ein Leben voller Liebe
Und Glück und Sonnenschein
Hat uns gebracht das kleine,
Einsame Blümelein.

Ungewöhnliche Verwendung des Edelweiss

Der Symbolwert, den das Edelweiss im Laufe des 20. Jahrhunderts erlangt, führt zu einer ungehemmten Verwendung in den unterschiedlichsten Bereichen.

226

227

228

229

230

231

232

226 Rumänischer 50-Lei-Schein.
227 Victorinox Sonderserie.
228 Fluggesellschaft Edelweiss Air, Tochtergesellschaft von Swiss.
229 Österreichisches Zwei-Cent-Stück.
230 Japanisches Manga für Erwachsene.
231 Edelweiss ist der Name eines Skigebietes in Japan.
232 Edelweiss Cheung, Miss Hong Kong 2008.

Das Edelweiss in Alpengärten und Herbarien

Das Edelweiss in den botanischen Alpengärten

Die botanischen Alpengärten sind wahre lebende Museen, die für die Erhaltung der Artenvielfalt eine wichtige Rolle spielen. Im Alpenbogen gibt es etwa dreissig offiziell registrierte botanische Alpengärten, die auch als Forschungsplattform dienen (Bernini und Piaggi, 1997). Während es in der Schweiz sechs gibt, ist der Spitzenreiter Italien mit etwa zwanzig, die zwischen den Alpen und dem Apennin liegen. Übrigens war es auch in Italien, wo 1970 die AIGBA (Associazione Internazionale Giardini Botanici Alpini) gegründet wurde, die durch Exkursionen und einen Jahresbericht den Austausch von Kenntnissen und Pflanzenmaterial (Saatgut, Pflanzen usw.) fördert. Doch bedauerlicherweise wurden mehrere Alpengärten, nachdem sie in der Vergangenheit eine Blütezeit erlebten, inzwischen aufgegeben, weil die nötigen Mittel für den weiteren Unterhalt fehlten. In den grossen Städten bieten die botanischen Gärten oft Steingärtenbereiche, in denen zahlreiche alpine Pflanzenarten Nischen für ihre optimale Entwicklung finden, wie beispielsweise in Genf, Lausanne, Bern, Basel oder in den Kew

233

233/234 Das Edelweiss im Steingarten des Alpengartens «La Linnaea» in Bourg-Saint-Pierre (Wallis, Schweiz). Die Alpengärten erleichtern die Beobachtung und das Kennenlernen der Pflanzen.

234

Gardens in London. Es versteht sich von selbst, dass das Edelweiss in den meisten dieser botanischen Gärten gedeiht, meist in Gesellschaft anderer *Leontopodium*-Arten.

La Linnaea, Bourg-St-Pierre, Wallis

1889 von Henry Correvon geschaffen, war «La Linnaea» (benannt nach der seltenen Art *Linnaea borealis,* die ihrerseits nach Linné benannt wurde) der erste botanische Alpengarten der Schweiz. Derzeit erstreckt sich La Linnaea auf einer Fläche von einer Hektare. Die Verwaltung obliegt der Société académique de Genève und die Pflege dem Botanischen Garten in Genf. Zahlreiche Arten des natürlichen Lebensraumes der Region sind dort zu finden.

Flore-Alpe, Champex, Wallis

Dieser botanische Alpengarten wurde 1927 von Jean-Marcel Aubert gegründet. Er liegt auf der Südflanke des Catogne und bietet einen atemberaubenden Blick auf den See von Champex und auf den Grand Combin (4134 m). Mehr als 3000 alpine Pflan-

235

236

zenarten wurden in den Steingärten, Hochmooren und Teichen des Gartens angepflanzt. Die Stiftung, die lange Jahre von der Stadt Genf und dem Kanton Neuchâtel geleitet worden war, wird seit 2009 vom Kanton Wallis und der Gemeinde Orsières verwaltet. Mehr als vierzig Jahre lang war dieser Garten von Egidio Anchisi gestaltet und gepflegt worden. Heute ist Jean-Luc Poligné verantwortlich dafür. Seit etwa zehn Jahren beherbergt der Garten das Centre alpin de Phytosociologie, unter der Leitung von Jean-Paul Theurillat.

La Rambertia, Rochers de Naye, Waadt

Dieser Alpengarten liegt auf 2025 Metern Höhe und wurde Eugène Rambert gewidmet, einem Dichter und Schriftsteller des 19. Jahrhunderts, der aus Montreux stammte. Der Garten wurde lange von Pierre Rosset gepflegt, seit kurzem wird er nach einigen Jahren der Vernachlässigung von Bruny und Dany Monnet wieder weitergeführt. Unter den etwa tausend gezeigten Pflanzen finden sich auch mehrere Edelweiss-Arten.

237

235/236 Der Alpengarten Flore-Alpe bei Champex, mit Edelweiss unter dem ersten Schnee. (Foto: Jean-Luc Poligné)
237 Besucher im Alpengarten La Rambertia in den Rochers de Naye.

Botanischer Garten Genf

Text: Didier Roguet

1817 kehrte Augustin-Pyramus de Candolle, seit 1800 Honorarprofessor der Académie de Genève, der jedoch in Montpellier lehrte, in seine Geburtsstadt zurück, um dort an der heutigen Promenade des Bastions einen botanischen Garten anzulegen. 1902 wird der Garten wegen der zu beengten Verhältnisse von John Briquet an den heutigen Standort verlegt. Umgehend wird das erste Konservatorium gebaut, um dort ab 1904 die Herbarien und die Bibliothek unterzubringen. Das erste Gewächshaus wird 1908 errichtet. Der Garten wird noch zweimal erweitert: 1955 (Campagne Duval) und 1976 (Terre de Pregny). Er hat heute eine Fläche von 28 Hektaren.

Der botanische Garten bietet dem Publikum eine Sammlung von Wild- und Kulturarten aus der ganzen Welt. Er ist in fünf Bereiche aufgeteilt: Das Arboretum, die Steingärten, wo sich unsere Edelweiss-Sammlung befindet, und die Beete mit den geschützten Pflanzen, die Medizin- und Nutzpflanzen, die Gewächshäuser sowie ein Bereich, der dem Gartenbau und den Tieren gewidmet ist. Der Garten dient der Konservierung, der Forschung und der Lehre. Das Konservatorium beherbergt eine Bibliothek von weltweiter Bedeutung im Bereich der systematischen Botanik. Sie verfügt über mehr als 200 000 Bände und etwa 3000 Zeitschriften mit einer umfassenden Dokumentation in ihrem Bereich. Die Herbarien (etwa sechs Millionen Belege) gehören zu den fünf grössten der Welt und sind eng mit der Bibliothek verbunden. Die Erkundung und die Arbeiten im Gelände vervollständigen die dokumentarische Forschung und die Laborexperimente.

238

238 Das Herbarium des Conservatoire botanique de Genève ist eines der wichtigsten Europas. Es enthält viele Belege verschiedener Edelweiss-Arten (Foto: Conservatoire et Jardin Botanique, Genf)
239 Der Botanische Garten von Genf, eine Oase der Natur und der Biodiversität mitten in der Stadt. (Foto: Conservatoire et Jardin Botanique, Genf)

239

Die vier Hauptuntersuchungsgebiete sind neben der mitteleuropäischen Alpenregion das Mittelmeerbecken, die Neotropis und Afrika. Der Schwerpunkt der Arbeiten liegt in der systematischen Botanik (Verfassen von Monografien und Pflanzenführern), in Untersuchungen zur Biogeografie und zur Vegetation sowie in der botanischen Nomenklatur, der Ethnobotanik und der Wissenschaftsgeschichte. Konservatorium und Botanischer Garten führen bedeutende Datenbanken über die Flora der Region, des Mittelmeerraums, der Neotropen und Afrikas. Die Anwendung neuer Technologien wie Molekularbiologie oder georeferenzierte Informationssysteme für das Studium der Vegetation eröffnen der Forschung neue Perspektiven. Im Rahmen der Vereinbarung, die das Konservatorium an die Universität bindet, geben der Direktor und mehrere Konservatoren Kurse für etwa hundert Studenten pro Jahr. Zahlreiche Diplom- und Doktorarbeiten werden von den Mitarbeitern des Konservatoriums und des Botanischen Gartens betreut.

Daneben werden in Zusammenarbeit mit der kantonalen Erziehungsdirektion und der Seniorenuniversität ein breites Programm zu Themen der Pflanzenwelt sowie Kurse und Exkursionen, insbesondere in Zusammenarbeit mit dem Verein der Freunde des Botanischen Gartens, populärwissenschaftliche Veranstaltungen, Ausstellungen und Naturlehrpfade angeboten. Besondere Aufmerksamkeit verdienen auch der Riech- und Tastgarten, die Terrassen der Heil- und Nutzpflanzen, das Botanicum (interaktiver Raum für Familien), die Gewächshäuser, ein Laden, ein Tierpark, der sich dem Erhalt bedrohter regionaler Haustierarten widmet und bald ein neues Besucherzentrum mit allen Annehmlichkeiten, die ein lebendes und leistungsstarkes Museum erfordert (Cafeteria, Raum für Dauerausstellungen usw.).

Konservatorium und Botanischer Garten bieten auch dank der Mittel aus dem Entwicklungsfonds der Stadt Genf ein Programm zur angewandten Botanik. Projekte im Auftrag und auf der Basis von Vereinbarungen zwischen den Städten Asunción (Paraguay), Patos (Brasilien), Dakar und St-Louis (Senegal) haben zum Ziel, das traditionelle ethnobotanische Erbe zu würdigen und letztlich zur Bewahrung der lokalen natürlichen und kulturellen Vielfalt beizutragen.

240

Botanischer Garten Zürich

Text: Peter Enz, Reto Nyffeler

In Zürich hat die Botanik eine sehr lange Tradition. Johann Conrad Gessner war Stadtarzt von Zürich und verfügte bereits um 1560 über einen Heilpflanzen-Garten. Mit der Gründung der Stiftung der Universität Zürich begann man 1836 mit dem Bau des Botanischen Gartens. Die Eröffnung fand 1837 statt. 1851 wurde das Palmenhaus gebaut. 1971 hiess die Zürcher Bevölkerung durch einen Kantonsentscheid die Errichtung eines neuen botanischen Komplexes mit dem Garten und den botanischen Instituten im ehemaligen Park der Familie Bodmer-Abegg gut. Die Bauarbeiten begannen 1972.

Die wichtigsten Ziele des Botanischen Gartens der Universität Zürich sind, Pflanzen für Forschung und Bildung zur Verfügung zu stellen, dem breiten Publikum und den Experten Informationen über Botanik und Gartenbau zu liefern, über die Konservierung gefährdeter Pflanzen zu informieren und dafür zu sensibilisieren sowie für die Stadt Zürich als Volkspark zu dienen.

Der «Alte Botanische Garten» (ehemaliges Bollwerk «zur Katz») am Schanzengraben im Herzen der Stadt ist für das Publikum immer noch zugänglich. Seit 1997 gibt es den sehr sehenswerten, mittelalterlich gestalteten Gessner-Garten, dem berühmten Naturforscher des Mittelalters gewidmet, der Heil-, Nahrungs- und Gewürzpflanzen beherbergt. Das ehemalige Palmenhaus, eine Holzkonstruktion aus dem Jahr 1851, wurde 1873 durch ein Gewächshaus mit einem Rahmen aus Gusseisen ersetzt. Es ist das älteste Gewächshaus der Schweiz und steht unter Denkmalschutz. Im ehemaligen Institut für systematische Botanik, das von einem wundervollen Park mit majestäti-

240 Blick auf den Botanischen Garten von Zürich. (Foto: Peter Enz)
241 *Leontopodium nivale* im Steingarten des Botanischen Gartens Zürich. (Foto: Peter Enz)
242 Das Zürcher Herbarium enthält 3,5 Millionen Belege. (Foto: Peter Enz)

241

242

schen Bäumen umgeben ist, befindet sich heute das Völkerkundemuseum der Universität Zürich.

Bei der Konzeption des neuen botanischen Gartens spielte neben ästhetischen Aspekten die Ökologie eine sehr wichtige Rolle. Man gruppierte beispielweise Pflanzen mit ähnlichen ökologischen Ansprüchen unabhängig von ihrer geografischen Herkunft. Die sehenswertesten Biotope sind folgende:

- der Mittelmeergarten mit seinen verschiedenen Düften
- das Wadi (Trockenfluss) mit seinen sehr gut an zeitweilige Trockenheit angepassten Pflanzen
- die Färberpflanzen mit ihren historischen und kulturellen Aspekten
- ein Garten am Eingang mit bunten Frühlings- und Sommerpflanzen
- der Steingarten mit den Bergpflanzen aller Kontinente
- die Wasserbecken und der Teich des Wasserpflanzengartens, der auch eine vielfältige Fauna präsentiert
- der Nutzpflanzengarten mit Nahrungs- und Heilpflanzen, die seit Jahrhunderten bekannt sind
- im Sommer die Schaukästen mit fleischfressenden Pflanzen, lebenden Steinen und anderen Freiland-Besonderheiten
- Einen schwülen, exotischen Dschungel findet man in drei Kuppel-Gewächshäusern, in denen tropische, subtropische und trockene Klimazonen präsentiert werden (besonders sehenswert die Palmfarne, die Baumfarne, die Orchideen und einige Nutzpflanzen der Tropen).

– Im Sommer kann man im Wasserbecken vor den Gewächshäusern die *Victoria cruziana*, die Königin der Seerosen mit riesigen schwimmenden Blättern bewundern.

Das Herbarium von Zürich enthält etwa 3,5 Millionen Belege. Es umfasst zwei botanische Sammlungen, die nach mehr als 150 Jahren getrennten Aufbaus 1990 zusammengeführt wurden, eine von der Eidgenössischen Technischen Hochschule (ETH) und die andere von der Universität Zürich. Während die Forschung der ETH sich hauptsächlich mit der einheimischen und der mitteleuropäischen Flora befasste, haben die Forschungsgruppen der Universität ausserhalb Europas gearbeitet, vor allem über die Flora Südafrikas und Neukaledoniens. Dank umfangreicher Schenkungen in den letzten Jahrzehnten konnten Belege aus Herbarien anderer tropischer und subtropischer Regionen in das Zürcher Herbarium integriert werden. Heute zeigen die wieder vereinigten Herbarien eine sehr vielfältige und repräsentative Sammlung mit Gefässpflanzen, Moosen und Pilzen.

Die Belege des Herbariums bilden die Grundlage der aktuellen Forschung zweier Hochschulen und dienen ihnen als wichtiges wissenschaftliches Arbeitsinstrument. Jedes Jahr integrieren die Verantwortlichen mehrere tausend neue Belege, einige davon werden für die laufenden Forschungsarbeiten genutzt. Seit 2002 werden die wichtigsten Belege des Herbariums digitalisiert und kostenlos zur Einsicht auf der Internetseite www.zuerich-herbarien.uzh.ch zur Verfügung gestellt (seit Ende 2010 sind 100 000 Belege verfügbar).

243

244

Alpengarten am Schachen, Garmisch-Partenkirchen, Deutschland

Text: Martin Wiesmeier

Der Alpengarten am Schachen bei Garmisch-Partenkirchen, der vom Botanischen Garten München unterhalten wird, ist der Grösste seiner Art in Deutschland. Der Garten blickt bereits auf eine über hundertjährige Geschichte zurück und bietet die Möglichkeit, eine Vielzahl seltener Alpenpflanzen zu bestaunen. Schwerpunktmässig werden botanische Raritäten aus allen Bereichen der Alpen gezeigt, doch auch aus anderen Gebirgen und Regionen der Erde wie der Arktis, Vorderasien, Himalaya, Kaukasus, Karpaten, Pyrenäen, Rocky Mountains und den Gebirgen der Südhalbkugel sind seltene Pflanzen vertreten. Unter den mehr als 1000 verschiedenen Gebirgspflanzen befinden sich auch mehrere Edelweissarten.

Alpengarten Patscherkofel, Innsbruck, Österreich

Text: Martin Wiesmeier

Am Patscherkofel, dem Hausberg Innsbrucks, liegt der bedeutendste Alpengarten Österreichs. Der auf einer Höhe von 2000 m gelegene Garten der Universität Innsbruck lässt sich bequem mit der Bergbahn erreichen. Auf einer Fläche von etwa 1,5 ha können die in den Alpen natürlich vorkommenden Vegetationstypen mit ihren charakteristischen Pflanzenarten besucht werden, darunter natürlich auch das Edelweiss.

243 Im Alpengarten am Schachen kann man schöne Exemplare verschiedener Edelweissarten bestaunen.
244 Edelweiss im Alpengarten Patscherkofel.

Botanischer Alpengarten Chanousia, Aosta, Italien

Der Alpengarten Chanousia liegt auf 2170 Meter Höhe in der Nähe des Kleinen St. Bernhard, dem Pass, der das Aostatal (Italien) mit der Tarentaise (Frankreich) verbindet. Der Garten wurde 1893 vom Abt Chanoux angelegt. Auf einer Fläche von einer Hektare wachsen in den Steingärten und auf den Teichen zahlreiche Arten der Alpenflora, aber auch aus anderen Gebirgsregionen.

245

246

245 Das Steinhaus im Alpengarten ist umgeben von Steingärten und bietet Platz für temporäre Ausstellungen.
246 Ein etikettiertes Edelweiss.
247 Ein ganzes Beet ist für Edelweiss-Arten, auch aus dem asiatischen Raum reserviert.
248 Serge Rieudebat, Besitzer und Verantwortlicher des Jardin botanique du Tourmalet, kultiviert Edelweiss in Töpfen und verkauft sie erfolgreich vor Ort. Die hier unter einem Pflanztunnel gezeigte Art ist *Leontopodium souliei,* die sich besser für die vegetative Vermehrung eignet als *Leontopodium alpinum.* Hier werden die Pflanzen ehrlicherweise nicht unter dem Namen *Leontopodium alpinum,* sondern als *Leontopodium souliei* verkauft, was leider in den Gärtnereien oder Gartencentern nicht immer der Fall ist.

247

Botanischer Alpengarten von Tourmalet, Frankreich
Der botanische Alpengarten liegt in den französischen Pyrenäen auf der Südwestflanke des Tourmalet-Passes auf 1500 Meter Höhe und möchte ein Schaufenster für die Flora der Pyrenäen sein, indem er die Pflanzen in ihrer natürlichen Umgebung präsentiert. Dieser Gebirgsgarten zeigt auch andere Arten unterschiedlicher botanischer Gattungen.

248

Das Edelweiss in den Herbarien

Charly Rey, Didier Roguet, Laurent Gauthier, Reto Nyffeler, Sabine Rey, Jean-Claude Praz

249 Teil des Herbariums Boissier im Conservatoire botanique de Genève. Man sieht darin den Namen der Gattung, der Art und der Unterart der Pflanze, Ort und Datum (7.1895) des Fundes, die getrocknete Pflanze mit verschiedenen Organen daneben und Blütenzeichnungen, um die Bestimmung zu erleichtern. Die Zeichnungen sind von Gustave Beauverd.

250 Teil des Herbariums von Konrad Lauber im Conservatoire botanique de Genève. Diese Edelweisspflanzen wurden im Juli 1951 auf dem Stockhorn gepflückt (Kanton Bern).

Ein Herbarium ist eine Sammlung von getrockneten und aufgeklebten Pflanzen, die in einer kartonierten Herbariumsmappe aufbewahrt werden. Selbst im Zeitalter der Informatik, der digitalen Fotografie und der Multimedien hat das Herbarium seine Bedeutung bewahrt. Die professionellen Botaniker stellen immer noch wissenschaftliche Herbarien zusammen, oft in direktem Zusammenhang mit einer Veröffentlichung, um die Gültigkeit ihrer Entdeckungen zu belegen. Für den Systematiker und den Taxonomen ist das Herbarium ein unverzichtbares Handwerkszeug, denn, gut getrocknet und konserviert, sind die Belege (Pflanzen) jahrzehntelang, ja sogar jahrhundertelang ohne jegliche Veränderung einsehbar. Das trifft für die Fotografie oder andere moderne Hilfsmittel (CD, DVD usw.) nicht zu. Die Herbarien ermöglichen

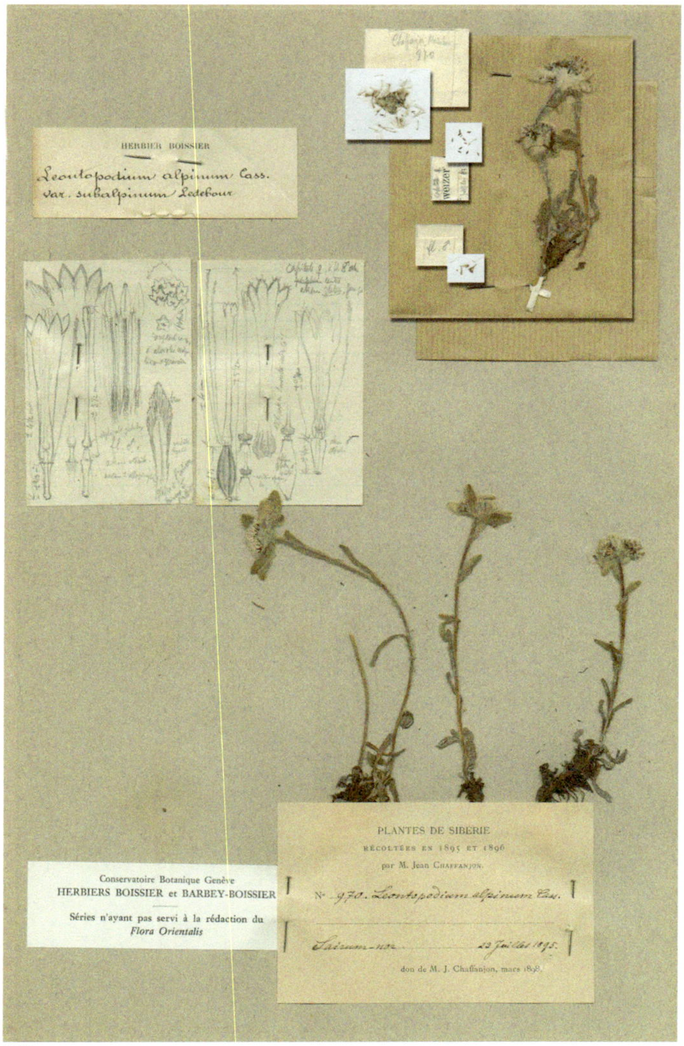

249

250

251

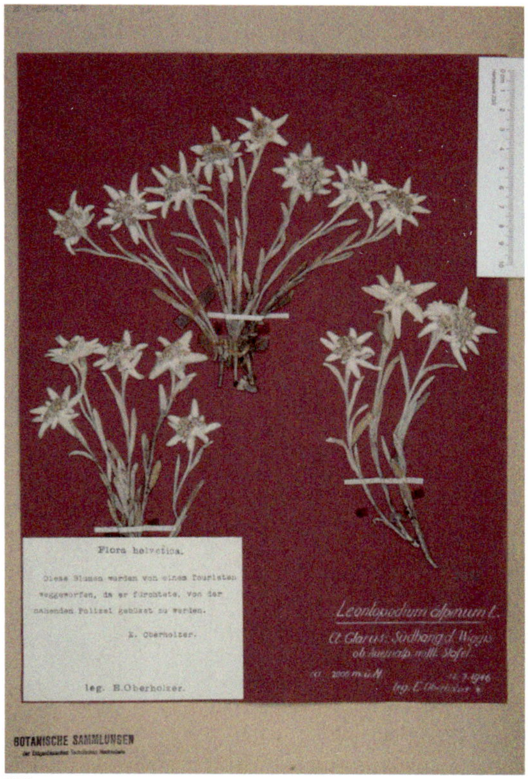

252

die Identifizierung, den Vergleich und die Beobachtung der historischen Entwicklung der Arten und ihrer Standorte. Sie bilden manchmal die wissenschaftliche Grundlage für Entscheidungen zur Arterhaltung (Wiederansiedlung, Instandsetzung von Biotopen usw.). Allerdings verlieren die getrockneten Pflanzen manchmal bestimmte Farben (Blau, Rot usw.). Zeichnungen und/oder Fotografien bleiben interessante Ergänzungen in der Forschung im Bereich der systematischen Botanik.

In der Vergangenheit konnte das wiederholte Pflücken der seltenen Arten ihren Fortbestand gefährden, heute ist das glücklicherweise nicht mehr der Fall. Praktiken wie das unsachgemässe Pflücken für den Gartenbau oder der Verkauf von Herbariumsbelegen, die manchmal einen Standort bedrohten, wurden erfreulicherweise Anfang des 20. Jahrhunderts unterbunden. Der Sammler und Botaniker ist nun zum aktiven Umweltschützer geworden. Man kann eine Art nur dauerhaft schützen, wenn man sie identifizieren und kultivieren kann. Das Edelweiss ist dafür ein sehr gutes Beispiel. Die botanischen Konservatorien von Genf und Zürich und auch einige Museen bewahren sorgfältig die Herbarien, deren Belege von Forschern eingesehen werden können.

251 Herbarbogen mit *Leontopodium andersonii*, einer Edelweiss-Art aus Südwestchina (Herbar der Universität Zürich).

252 Teil des Herbariums von Konrad Lauber im Conservatoire botanique de Genève. Diese Edelweisspflanzen wurden im Juli 1951 auf dem Stockhorn gepflückt (Kanton Bern).

Literaturverzeichnis

Albert-Llorca, M., und M. Taréry. 2008. *Une fleur «pour la tradition». L'Edelweiss dans la vallée d'Ossau (Pyrénées-Atlantiques).* Terrain. Revue d'ethnologie de l'Europe 51:148–159.

Amsler, P. 2009. *Fiche technique Edelweiss.* Classeur Plantes médicinales et aromatiques: 6.17.1–6.17.4 Agridea, Lausanne.

Beauverd, G. 1911. *Sur la distribution géographique des genres Leontopodium Cass. et Cicerbita Wallr. Emend. Beauv.,* Société valaisanne des sciences naturelles. Bull. de la Murithienne 36:77–120.

Bernini, A., und E. Piaggi. 1997. *Giardini Botanici delle Alpi e degli Appennini 37.* Mario Ponzio S.p.A., Pavia.

Blöch, C. 2005. *Phylogenetic relationships of Leontopodium alpinum and its relatives.* Diplomarbeit Universität Wien.

Blöch, C., W. B. Dickoré, R. Samuel, und T. F. Stuessy. 2010. *Molecular phylogeny of the Edelweiss (Leontopodium, Asteraceae – Gnaphalieae) and its relatives.* Edinburgh Journal of Botany 67:235–264.

Carlen, C. 2006. *Données de base pour la fumure des plantes aromatiques et médicinales.* Revue suisse Vitic. Arboric. Hortic. 38:II-VIII.

Carron, C.-A., C. Rey, S. Previdoli, und C. A. Baroffio. 2007. *Helvetia, une nouvelle variété d'Edelweiss issue d'hybrides des clones.* Revue suisse Vitic. Arboric. Hortic. 39:125–130.

Chavoutier, L. 2005. *Savoie, une montagne de légende.* La Fontaine de Siloë, Montmélian.

Christ, H., und E. Burnat. 1881. *L'Edelweiss et l'état.* Echo des Alpes 4.

Correvon, H. 1885. *Les plantes alpines et de rocailles.* O. Doin & Fils, et librairie agricole, Paris.

Correvon, H. 1901. *Catalogue des plantes contenues dans le Jardin botanique alpin de la Linnaea à Bourg-St-Pierre (Valais).* Impr. W. Kuendig, Genève.

Dalla Torre, K. W. 1895. *Die volkstümlichen Pflanzennamen in Tirol und Vorarlberg.* A. Edlingers Verlag, Innsbruck.

Delarze, R., und Y. Gonseth. 2008 *Guide des milieux naturels de Suisse.* Rossolis, Bussigny.

Dobner, M. J., S. Schwaiger, I. H. Jenewein, und H. Stuppner. 2003. *Antibacterial activity of Leontopodium alpinum.* Journal of Ethnopharmacology 89:301–303.

Dobner, M. J., S. Sosa, S. Schwaiger, G. Altinier, R. Della Loggia, N. C. Kaneider, und H. Stuppner. 2004. *Anti-inflammatory activity of Leontopodium alpinum and its constituents.* Planta Med. 70:502–508.

Durheim, C. J. 1856. *Schweizerisches Pflanzenidiotikon. Ein Wörterbuch von Pflanzenbenennungen in den verschiedenen Mundarten der deutschen, französischen und italienischen Schweiz,* Bern.

Erhardt, A. 1993. *Pollination of the Edelweiss, Leontopodium alpinum.* Botanical Journal of the Linnean Society 111:229–240.

Frey, G. 1941. *Erreichtes und Erstrebtes. Betrachtungen zum Alpenpflanzenschutz.* Jahrbuch des Vereins zum Schutze der Alpenpflanzen 13:65–79.

Gessner, C. 1541. *Historia Plantarum.* Sessa, Venetiis.

Greuter, W. 2003. *The Euro+Med treatment of Gnaphalieae and Inuleae (Compositae) – generic concepts and required new names.* Willdenowia 33:239–244.

Handel-Mazzetti, H. 1927. *Systematische Monographie der Gattung Leontopodium.* Beihefte zum Botanischen Centralblatt XLIV:1–178.

Hegi, G. 1927. *Illustrierte Flora von Mitteleuropa.* J. F. Lehmanns Verlag, München.

Hook, I. (Hrsg.). 1993. *Leontopodium alpinum: in vitro culture, micropropagation, and the production of secondary metabolites.* Springer Verlag, Berlin/Heidelberg.

Hostettmann, K. 2000. *Tout savoir sur le pouvoir des plantes sources de médicaments.* Favre.

Keller, R., und P. Vittoz. 2009. *Premiers résultats d'un suivi de l'Edelweiss (Leontopodium alpinum) dans le Val Ferret (Valais).* Bull. de la Murithienne 127: 27–42.

Kronfeld, E. M. 1910. *Das Edelweiss.* Heller, Wien.

Lauber, K., und G. Wagner. 2000. *Flora Helvetica – Flore illustrée de la Suisse.* Haupt, Berne.

Lê, C.-L. 2006. *Une technique au point. L'edelweiss se multiplie à grande vitesse à Changins.* Terre valaisanne 13 (6):33.

Mattioli, P. A. 1571. *Senensis, medici, compendium de plantis omnibus,* Venedig.

Mattioli, P. A. 1590. *Kreutterbuch.* Fischer, Franckfurt am Mayn.

Meusel, H., und E.J. Jäger (Hrsg.). 1992. *Vergleichende Chorologie der zentraleuropäischen Flora.* Gustav Fischer Verlag, Jena/Stuttgart/New York.

Meyer, H. F. 2007. *Blutiges Edelweiss. Die 1. Gebirgs-Division im 2. Weltkrieg.* Links-Verlag, Berlin.

Nikolić, T., und J. Topić. 2005. *Crvena Knjiga Vaskularne Flore Hrvatske (Red Data Book of Croatian Vascular Plants).* Ministarstvo kulture, Državni zavod za zaštitu prirode, Zagreb.

Paula Schrank, F., und K.E. Ritter von Moll. 1785. *Naturhistorische Briefe über Oesterreich, Salzburg, Passau und Berchtesgaden,* Salzburg.

Petrova, A., und V. Vladimirov. 2009. *Red List of Bulgarian vascular plants.* Phytologia Balcanica 15:63–94.

Peukert, D. 1980. *Die Edelweisspiraten. Protestbewegungen jugendlicher Arbeiter im Dritten Reich,* Köln.

Pignatti, S. 1982. *Flora d'Italia,* Vol 3. Edagricole, Bologna.

Rey, C., und I. Slacanin. 1999. *Approche culturale et phytochimique de l'edelweiss.* Revue suisse Vitic. Arboric. Hortic. 31:89–96.

Schwaiger, S., R. Cervellati, C. Seger, E. P. Ellmerer, N. About, I. Renimel, C. Godenir, P. André, F. Gafner, und H. Stuppner. 2005. *Leontopodic acid: a novel highly substituted glucaric acid derivative from Edelweiss (Leontopodium alpinum Cass.) and its antioxidative and DNA protecting properties.* Tetrahedron 61:4621–4630.

Schwaiger, S., U. Frey, A. F. Grogg, N. Marcon, X. Simonnet, und H. Stuppner. 2006. *Altitudinal variation of secondary metabolite contents in inflorescence leaves of Edelweiss (Leontopodium alpinum Cass.)* in 4th international conference on natural products «Natural products: a chance for the future of mankind», 28. bis 31. Mai 2006, Leysin, Switzerland.

Sigg, P. 2008. *Culture de l'Edelweiss pour la fleur coupée.* Revue suisse Vitic. Arboric. Hortic. 40 349–356.

Speroni, E., S. Schwaiger, P. Egger, A.-T. Berger, R. Cervellati, P. Govoni, M. C. Guerra, und H. Stuppner. 2006. *In vivo efficacy of different extracts of Edelweiss (Leontopodium alpinum Cass.)* in animal models. Journal of Ethnopharmacology 105:421–426.

Stevanović, V., und B. Stevanović. 1999. *Leontopodium alpinum Cass.* Pages 347–349, 513–514 in Crvena knjiga flore Srbije 1. Iščezli i krajnje ugroženi taksoni (V. Stevanović, ed.) Ministarstvo za životnu sredinu Republike Srbije, Biološki fakultet Univerziteta u Beogradu, Zavod za zaštitu prirode Republike Srbije, Beograd.

Theodorus, J. 1625. *Neuw vollkommen Kreuterbuch.* Dreuter, Franckfurt am Mayn.

Tutin, T.G., V.H. Heywood. N.A. Burges, D.M. Moore, D.H. Valentine, S.M. Walters und D.A. Webb. 1976. *Flora Europaea.* Vol 4. Cambridge University Press, Cambridge.

Vigneron, J. P., M. Rassart, Z. Vertesy, K. Kertesz, M. Sarrazin, L. Biro, D. Ertz und V. Lousse. 2005. *Optical structure and function of the white filamentary hair covering the edelweiss bracts.* Physical review E 71:1–8.

Witkowski, Z. J., W. Król und W. Solarz (Hrsg.) 2003. *Carpathian List of Endangered Species.* WWF International Danube-Carpathian Programme, Vienna, Austria; Institute of Nature Conservation, Polish Academy of Sciences, Krakow, Poland.

Zăpârţan, M. 1996. *Conservation of Leontopodium alpinum using in vitro techniques in Romania.* Botanic Garden Micropropagation News (Kew) 2:26–28.

Zoller, H., M. Steinmann, und K. Schmid. 1972. *Faksimileausgabe von Gessner, Conrad: Conradi Gesneri Historia Plantarum, Dietikon.*

Bildnachweis

Alle Fotografien stammen, sofern nicht anders angegeben, von den Autoren (Sabine und Charly Rey), jene auf den Seiten 80–87 sowie 142–143 von Martin Wiesmeier.

Danksagungen

Wir möchten uns herzlich bei folgenden Personen für ihre Auskünfte, Hilfe, Zusammenarbeit oder ihre Fotos bedanken:

Anchisi Egidio
Bagnoud Gaston, Bonvin Bernard und Fatima, Rey Jeannette, Violettes-Hütte
Bäumler Beat und Juillerat Philippe, CRSF, Conservatoire botanique de Genève
Blöch Cordula
Chapalay Isabelle
Chavanne Etienne
Cheseaux Josy
Crittin Carole
Dickoré Bernhard, Ludwig-Maximilians-Universität München
Dieudebat Serge, Jardin botanique du Tourmalet
Duchosal Pierre
Ellenberger Andreas, Weleda
Enz Peter und Nyffeler Reto, Botanischer Garten Zürich
Fellay Paul
Fournier Fabien, Valplantes
Gaboly Michel
Gaetani-Marguerettaz Cesare und Giuseppina
Gafner Frank
Galetti Giovanni
Genton Daniel, DSM (Alpaflor)
Hainard Pierre, Honorarprofessor
Imhof Peter, Ricola
Insnenghi Edoardo
Loizeau Pierre-André, Roguet Didier, Gauthier Laurent, Fumeaux Nicolas und Visinand Gisèle, Conservatoire et Jardin botaniques de Genève
Maurer-Fellay Angèle
Meisinger Marie-Sophie, DSM (Alpaflor)
Monnet Bruny und Dany, Jardin botanique La Rambertia
Paul François, DSM (Alpaflor)
Praz Jean-Claude, Musée de la Nature à Sion
Richterich Hans-Peter und Félix, Ricola
Rutishauser Rolf, Universität Zürich
Schneider Peter, DSM (Alpaflor)
Simonnet Xavier, Médiplant
Skory Giorgio, Fotographe
Slacanin Ivan, Laboratoire ILIS
Stäubli Marianne und André
Surdez Bernard
Tornay Jacques und Familie
Tornay Laurent und Familie
Tornay Pascal und Familie

Autoren

Charly Rey war in der botanischen Forschung an der Eidgenössischen Forschungsanstalt in Changins tätig. Er gilt weltweit als einer der herausragendsten Kenner des Edelweiss.

Catherine Baroffio, José Vouillamoz, Claude-Alain Carron arbeiten als Studienleiter und Forscher an der Eidgenössischen Forschungsanstalt in Changins.

Tobias Scheidegger ist Assistent am Institut für Populäre Kulturen der Universität Zürich.

Didier Roguet ist Konservator am Botanischen Garten, Genf.

Peter Enz ist Leiter des Botanischen Gartens der Universität Zürich.

Reto Nyffeler ist Dozent am Institut für Systematische Botanik der Universität Zürich.

Martin Wiesmeier ist wissenschaftlicher Mitarbeiter am Lehrstuhl für Bodenkunde der Technischen Universität München.

Die Originalausgabe dieses Buches ist unter dem Titel «Edelweiss – reine des fleurs» 2011 bei Editions du Belvédère, Fleurier/Pontarlier/Frankreich, erschienen.

Aus dem Französischen übersetzt von Katja Aumüller

Für die deutschsprachige Ausgabe:

AT Verlag, Aarau und München
Gestaltung und Satz: Giorgio Chiappa, Zürich
Bildaufbereitung: Vogt-Schild Druck, Derendingen
Druck und Bindearbeiten: Firmengruppe Appl, aprinta druck, Wemding
Printed in Germany

ISBN 978-3-03800-565-0

www.at-verlag.ch